山西省重点保护野生植物的优先保护及空间优化研究

张殷波　著

中国环境出版集团·北京

图书在版编目（CIP）数据

山西省重点保护野生植物的优先保护及空间优化研究/
张殷波著. —北京：中国环境出版集团，2020.12
　　ISBN 978-7-5111-4532-1

　　Ⅰ. ①山… Ⅱ. ①张… Ⅲ. ①珍稀植物—植物保护—
研究—山西 Ⅳ. ①Q948.522.5

　　中国版本图书馆 CIP 数据核字（2020）第 251384 号

出 版 人　武德凯
策划编辑　王素娟
责任编辑　王　菲
责任校对　任　丽
封面设计　岳　帅

出版发行　中国环境出版集团
　　　　　（100062　北京市东城区广渠门内大街 16 号）
　　　　　网　　址：http://www.cesp.com.cn
　　　　　电子邮箱：bjgl@cesp.com.cn
　　　　　联系电话：010-67112765（编辑管理部）
　　　　　发行热线：010-67125803，010-67113405（传真）
印　　刷　北京建宏印刷有限公司
经　　销　各地新华书店
版　　次　2020 年 12 月第 1 版
印　　次　2020 年 12 月第 1 次印刷
开　　本　787×1092　1/16
印　　张　9
字　　数　200 千字
定　　价　48.00 元

前　言

生物多样性是自然环境的重要组成部分，是人类赖以生存的物质基础。积极保护、合理开发和有效利用野生生物资源，对维持区域可持续发展、维护生态平衡、改善自然环境具有重要意义。21 世纪以来，随着人类活动的干扰加强，加之气候变化的影响，生物多样性正以惊人的速度降低，物种的分布范围逐步缩小，很多物种甚至濒临灭绝。当前，生物多样性保护已成为全球关注的热点。重点保护野生植物作为珍贵稀有的自然资源和生态资源，因具有重要的经济、科研、文化和生态价值而备受关注。如何更有效地保护这些受威胁的野生植物资源，是生物学家、生态学家以及政府管理部门共同面临的重大问题和挑战。

山西省位于黄土高原东部、黄河中游，植物区系具有明显的复杂性、多样性、过渡性和特有性等特征。山西省黄土广泛分布，水土流失严重，生态环境较为脆弱，加之人类活动历史悠久和严重的环境退化，尤其是长期持续的煤矿开采活动，使生物多样性受到严重威胁，许多物种处于受威胁或濒危状态。

1999 年 8 月 4 日，国务院正式批准公布了《国家重点保护野生植物名录》（第一批）；2004 年，山西省人民政府颁布了《山西省重点保护野生植物名录》（第一批）。本书以这两个名录为基础，在全省尺度上对山西省重点保护野生植物的资源概况、区系特征、受威胁等级、地理分布格局、就地保护现状以及优先保护等进行了系统分析和评价，重点研究了系统保护规划理论下的优先保护和保护空缺分析，旨在为提高山西省重点保护野生植物的就地保护效率、优化合理的空间布局、实施生态补偿政策等提供科学的理论指导和技术支持。

本书共包括 10 章内容，分为四大部分。第一部分包括第 1 章，介绍《国家重点保护野生植物名录》以及物种统计；第二部分包括第 2~7 章，第 2 章首先介绍《山西省重点保护野生植物名录》及资源概况，第 3~7 章分别从区系特征、受威胁等级评估、地理分布格局、就地保护现状及优先保护研究等 5个方面对山西省重点保护野生植物的保护和空间优化进行具体介绍；第三部分包括第 8 章和第 9 章，重点选取了山西特有的国家 II 级保护植物——翅果油树作为研究个案，分别就气候变化对翅果油树适生区的影响、基于物种价值评估的翅果油树生态补偿机制这两个方面进行具体介绍；第四部分包括第 10 章，提出保护建议和未来展望。

本书汇集了作者十多年的科研工作成果，绝大部分内容已在 *Biological Conservation*、*Biodiversity and Conservation*、*Journal for Nature Conservation*、《生物多样性》《应用生态学报》《植物研究》等国内外核心刊物上发表。其中，"第 7 章　山西省重点保护野生植物的优先保护研究"为本书的重点和亮点。基于系统保护规划理论和采用 C-Plan 保护规划软件，确定了 17 个山西省重点保护野生植物的优先保护地区。这些优先保护地区的面积仅占山西省国土总面积的 5%，但已代表了全部的山西省重点保护野生植物，可以实现用最小的土地面积保护所有保护植物的目标。同时，在系统保护规划中，作者设计了依据不同的物种属性定量确定物种保护目标的计算方法，得到了较好的规划效果，并且通过将优先保护地区与现有自然保护区网络进行空间叠加的方法，进一步鉴别出 6 个保护空缺地区，从而为山西省植物多样性的保护规划、自然保护区的空间优化提供科学参考。

在整个研究过程中，作者指导的近十名硕士研究生参与了研究工作，并获得了生态学或自然地理学硕士学位。2009 级李明同学参与了山西省重点保护野生植物的名录及数据库建设和地理分布格局研究；2011 级张晓龙同学参与了山西省重点保护野生植物的区系分析和就地保护研究；2011 级卢怡萌同学参与了山西省重点保护野生植物的受威胁等级评估；2011 级张晓龙、2013 级付静轩、2014 级王宇卓、2015 级刘莹立等同学参与了山西省重点保护野生植物的优先保护研究；2015 级高晨虹和 2016 级刘彦岚两名同学参与了山西省翅果油树适生区预测及其对气候变化响应的研究；2015 级刘莹立和 2018 级牛杨杨两名同学参与了山西省翅果油树物种价值评估的研究。

　　本研究先后得到山西省自然科学基金"山西省珍稀濒危植物的地理分布格局及其 GAP 分析"（2011011031-1）、国家自然科学青年基金项目"基于系统保护规划的中国野生兰科植物优先保护研究"（31100392）、山西省回国留学人员科研资助项目"基于 Maxent 模型的山西翅果油树适宜分布区预测及其对气候变化的响应"（2017-022）、山西省软科学研究项目"基于 TEEB 理念的生物多样性价值评估体系构建及政策应用研究"（2018041036-5）等多项专项课题的资金支持，在此一并表示衷心的感谢！

　　由于作者水平有限，整理书稿时间匆忙，书中难免有疏漏和不足之处，恳请各位同行专家和广大读者批评指正、不吝赐教。

张殷波

2020 年 7 月

目　录

第1章　国家重点保护野生植物名录[①]

《中华人民共和国野生植物保护条例》中定义的重点保护野生植物，是指原生地天然生长的珍贵植物和原生地天然生长并具有重要经济、科研、文化价值的濒危、稀有植物，并且规定国家和地方重点保护野生植物将受到法律保护。

重点保护野生植物是生物多样性的重要组成部分，不仅是珍贵的自然资源和生态资源，而且对维护生态平衡有着至关重要的作用。在经济价值方面，重点保护野生植物是生产资料中的重要原材料，并有着很高的观赏、药用、食用和旅游等经济价值；在科学价值方面，重点保护野生植物保存着丰富的遗传多样性，是重要的生物战略资源，可以为科研、技术、药用等领域的发展提供广阔的空间；在文化价值方面，重点保护野生植物在观赏、外交、饮食等很多领域有着举足轻重的地位；在生态价值方面，重点保护野生植物可以为野生动物提供栖息环境，对维持生态系统的平衡起着重要作用。

1999 年 8 月 4 日，国务院正式批准公布了《国家重点保护野生植物名录》（第一批）[1]。这一名录是我国首次以国务院名义发表，并且与我国第一部专门保护野生植物的行政法规——《中华人民共和国野生植物保护条例》相配套的名录，因而是我国迄今为止最具权威性的野生保护植物名录[2]。

1.1 《国家重点保护野生植物名录》

1.1.1 《国家重点保护野生植物名录》的颁布

《国家重点保护野生植物名录》是由我国野生植物行政主管部门原国家林业局和原农业部共同组织制定、由国务院批准颁布的，所列植物被称为保护植物。保护植物被分为国家Ⅰ级保护、国家Ⅱ级保护两个保护级别。该名录包括蕨类植物、裸子植物、被子植物、蓝藻和真菌五大类群。

---

① 张殷波. 国家重点保护野生植物的保护生物地理学研究. 北京：中国科学院，2008.

《国家重点保护野生植物名录》在选列物种时的四个标准为：

（1）数量极少、分布范围极窄的濒危种。

（2）具有重要经济、科研、文化价值的濒危种和稀有种。

（3）重要作物的野生种群以及有遗传价值的近缘种。

（4）具有重要经济价值，因过度开发利用而致使其资源急剧减少的种。

1.1.2 《国家重点保护野生植物名录》与《中国植物红皮书》的区别

我国从 20 世纪 80 年代开始，先后出版了一系列关于珍稀濒危植物的名录，大致列举如下。这里把这些名录统称为《中国植物红皮书》，列出的物种统称为珍稀濒危植物。

- 1984 年，国务院环境保护委员会公布了我国第一批《中国珍稀濒危植物保护名录》，并编辑出版了《中国植物红皮书》（第一册），收录了我国 354 种珍稀濒危植物。
- 1987 年，由国家环境保护总局和中国科学院植物研究所出版了《中国珍稀濒危保护植物名录》（第一册），在 1984 年名录的基础上进行了修订，将珍稀濒危植物名录增加到了 389 种[3]。
- 1989 年，宋朝枢等编著出版了《中国珍稀濒危保护植物》[4]。
- 1989 年，傅立国主编出版了《中国珍稀濒危植物》[5]。
- 1991 年，国家环境保护总局主持，中国科学院植物研究所为主编单位，由傅立国主编出版了《中国植物红皮书——稀有濒危植物》（第一册）[6]。

除 1984 年出版的《中国植物红皮书》（第一册）收录的珍稀濒危植物为 354 种以外，其他的版本均包括 388 种或 389 种珍稀濒危植物，且各个名录收录的物种相同。其中，1989 年傅立国主编的《中国珍稀濒危植物》引用最多，该书对每一物种的生物学特性、分布范围、濒危原因等都进行了论述。

《国家重点保护野生植物名录》和《中国植物红皮书》都列出了我国的一些珍稀濒危植物，两者在选列物种时均考虑了物种的受威胁程度，以及物种的科研、经济和文化价值，但两者之间仍存在一些区别[2]，具体包括：

（1）制定部门不同。《国家重点保护野生植物名录》是由我国行政主管部门（原国家林业局和原农业部等）组织制定，并报国务院批准公布，有相配套的行政法规，如乱砍偷伐国家重点保护野生植物将受到法律严厉制裁；《中国植物红皮书》是参照国际通用标准编写的保护物种的专著，无须国务院批准，也无专门的法律法规与之配套。

（2）选列物种标准不同。虽然两者都考虑物种的受威胁程度以及科研、经济和文化价值等，但选列物种标准的侧重点有所不同。《中国植物红皮书》在选列物种时首先将受威胁程度排在首位，而《国家重点保护野生植物名录》则优先考虑物种的经济价值和科研价值。因此，一些经济或科研价值较高但分布较广的常见物种，如樟树（*Cinnamomum camphora*）、榧树（*Torreya grandis*）等被列入国家重点保护野生植物名录，而不是珍稀濒危植物。同样，《中国植物红皮书》中的一些珍稀濒危植物，如南方铁杉（*Tsuga chinensis var. tchekiangensis*）、银鹊树（*Tapiscia sinensis*）、银钟花（*Halesia macgregorii*）等，并没有被列入国家重点保护野生植物名录中。

（3）受威胁等级不同。《中国植物红皮书》的受威胁等级是参照世界自然保护联盟（IUCN）物种红色名录的等级制定，采用的是"濒危""渐危"和"稀有"三个受威胁等级；而《国家重点保护野生植物名录》采用的是保护等级，分为国家 I 级保护和国家 II 级保护。

（4）收录物种不同。已公布的第一批全国珍稀濒危植物共收录植物 389 种；而《国家重点保护野生植物名录》（第一批）共收录了 246 个物种和 8 个类群（指种以上的科或属等分类单位），如桫椤科所有种（Cyatheaceae spp.）、苏铁属所有种（*Cycas* spp.）、红豆杉属所有种（*Taxus* spp.）等。由于选列国家重点保护野生植物时参照了《中国植物红皮书》所列的种，因此两者之间存在许多共同种。

1.2 《国家重点保护野生植物名录》的物种统计

1.2.1 物种统计

《国家重点保护野生植物名录》共分两批公布。1999 年已经颁布的第一批名录包括 246 个物种和 8 个类群（科或属）（表 1.1）；未公布的第二批名录（讨论稿）包括 191 个物种和 14 个类群（科或属）（表 1.2）。两批合计共包括国家重点保护野生植物 437 个物种和 22 个类群（科或属）。

表 1.1　《国家重点保护野生植物名录》（第一批）中 8 个类群的物种统计

序号	类群（科或属）	保护级别	包含物种数量/个
1	蚌壳蕨科所有种（Dicksoniaceae spp.）	II	2
2	水韭属所有种（*Isoetes* spp.）	I	4
3	水蕨属所有种（*Ceratopteris* spp.）	II	2
4	桫椤科所有种（Cyatheaceae spp.）	II	16
5	苏铁属所有种（*Cycas* spp.）	I	18
6	黄杉属所有种（*Pseudotsuga* spp.）	II	4
7	红豆杉属所有种（*Taxus* spp.）	I	5
8	榧属所有种（*Torreya* spp.）	II	5

表1.2　《国家重点保护野生植物名录》（第二批）中14个类群的物种统计

序号	类群（科或属）	保护级别	包含物种数量/个
1	猕猴桃属所有种（*Actinidia* spp.）	II	91
2	天南星属所有种（*Arisaema* spp.）	II	92
3	隐棒花属所有种（*Cryptocoryne* spp.）	II	4
4	红景天属所有种（*Rhodiola* spp.）	II	65
5	重楼属所有种（*Paris* spp.）	II	34
6	黄连属所有种（*Coptis* spp.）	II	7
7	牡丹组所有种（*Paeonia* spp.）	II	11
8	金花茶组所有种（*Camellia* spp.）	II	17
9	兰科所有种（Orchidaceae spp.）	II	1 363
10	兰属所有种（*Cymbidium* spp.）	I	49
11	杓兰属所有种（*Cypripedium* spp.）	I	37
12	石斛属所有种（*Dendrobium* spp.）	I	78
13	兜兰属所有种（*Paphiopedilum* spp.）	I	34
14	蝴蝶兰属所有种（*Phalaenopsis* spp.）	I	7

因此，将《国家重点保护野生植物名录》统计到种一级水平，共包括植物2 177种（包括亚种及变种）（表1.3）。其中，第一批有302种植物，第二批有1 875种植物；I级保护植物有296种，占总物种的13.60%，II级保护植物有1 881种，占总物种的86.40%。

表1.3　国家重点保护野生植物的总物种统计

	物种总数/种	I级保护植物/种	II级保护植物/种
第一批	302	75	227
第二批	1 875	221	1 654
合　计	2 177	296	1 881

1.2.2　物种组成与生活型

1.2.2.1　类群统计

《国家重点保护野生植物名录》中的物种由蕨类植物、裸子植物、被子植物、蓝藻和真菌5个类群组成（表1.4），它们分别包括39个、75个、2 058个、1个和4个物种。依据包含物种的数量对各个类群进行排序，依次为：被子植物＞裸子植物＞蕨类植物＞

真菌＞蓝藻。因此，国家重点保护野生植物以被子植物所占比例最大。

表 1.4 国家重点保护野生植物在不同类群中的物种统计

类群	物种数/个	占比/%	Ⅰ级保护植物/种	占比/%	Ⅱ级保护植物/种	占比/%
蕨类植物	39	1.79	7	2.36	32	1.70
裸子植物	75	3.45	38	12.84	37	1.97
被子植物	2 058	94.53	251	84.80	1 807	96.07
蓝藻	1	0.05	0	0	1	0.05
真菌	4	0.18	0	0	4	0.21
合　计	2 177	100	296	100	1 881	100

1.2.2.2 科属统计

国家重点保护野生植物共有 2 177 种（包括亚种及变种），隶属 484 个属、130 个科（表 1.5）。

表 1.5 国家重点保护野生植物的科属统计

类群	科数/个	占比/%	属数/个	占比/%	种数/个	占比/%
蕨类植物	16	12.31	19	3.93	39	1.79
裸子植物	8	6.15	25	5.16	75	3.45
被子植物	103	79.23	436	90.08	2 058	94.53
蓝藻	1	0.77	1	0.21	1	0.05
真菌	2	1.54	3	0.62	4	0.18
合　计	130	100	484	100	2 177	100

其中，蕨类植物 39 个种，隶属 16 个科、19 个属，分别占总科、属、种数的 12.31%、3.93% 和 1.79%；裸子植物 75 个种，隶属 8 个科、25 个属，分别占总科、属、种数的 6.15%、5.16% 和 3.45%；被子植物 2 058 个种，隶属 103 个科、436 个属，分别占总科、属、种数的 79.23%、90.08% 和 94.53%。

这些科属中包括一些单型科、单型属或寡种属，如伯乐树科（Bretschneideracea）、连香树科（Cercidiphyllaceae）、天星蕨科（Christenseniaceae）、福建柏属（Fokienia）、金钱松属（Pseudolarix）、水松属（Glyptostrobus）、金铁锁属（Psammosilene）、十齿花属（Dipentodon）、永瓣藤属（Monimopetalum）、七子花属（Heptacodium）和海南椴属（Hainania）等。

统计出大于等于 10 种国家重点保护野生植物的科和大于等于 18 种国家重点保护野生植物的属（表 1.6）。据此可以得出，除 22 个类群（表 1.1、表 1.2）中的所有种被列为国家重点保护野生植物以外，一些其他科、属也包括较多的国家重点保护野生植物，如百合科（Liliaceae）、木兰科（Magnoliaceae）、禾本科（Gramineae）、山茶科（Theaceae）、豆科（Leguminosae）和松科（Pinaceae）等，需予以重视。

表 1.6　包含国家重点保护植物较多的科、属

序号	科名	种数	序号	属名	种数
1	兰科 Orchidaceae	1 363	1	石豆兰属 *Bulbophyllum*	102
2	天南星科 Araceae	96	2	天南星属 *Arisaema*	92
3	猕猴桃科 Actinidiaceae	91	3	猕猴桃属 *Actinidia*	91
4	景天科 Crassulaceae	65	4	石斛属 *Dendrobium*	78
5	百合科 Liliaceae	51	5	红景天属 *Rhodiola*	65
6	木兰科 Magnoliaceae	32	6	羊耳蒜属 *Liparis*	56
7	禾本科 Gramineae	30	7	虾脊兰属 *Calanthe*	55
8	山茶科 Theaceae	28	8	玉凤花属 *Habenaria*	55
9	豆科 Leguminosae	27	9	兰属 *Cymbidium*	49
10	松科 Pinaceae	25	10	毛兰属 *Eria*	43
11	苏铁科 Cycadaceae	18	11	舌唇兰属 *Platanthera*	43
12	桫椤科 Cyatheaceae	16	12	杓兰属 *Cypripedium*	37
13	蔷薇科 Rosaceae	15	13	毛兰属 *Paphiopedilum*	34
14	红豆杉科 Taxaceae	13	14	重楼属 *Paris*	34
15	菊科 Compositae	12	15	鸢尾兰属 *Oberonia*	32
16	杜鹃花科 Ericaceae	12	16	斑叶兰属 *Goodyera*	29
17	芍药科 Paeoniaceae	11	17	红门兰属 *Orchis*	29
18	樟科 Lauraceae	10	18	盆距兰属 *Gastrochilus*	28
19	芸香科 Rutaceae	10	19	贝母兰属 *Coelogyne*	27
			20	山茶属 *Camellia*	26
			21	对叶兰属 *Listera*	25
			22	无柱兰属 *Amitostigma*	24
			23	齿唇兰属 *Anoectochilus*	23
			24	沼兰属 *Malaxis*	21
			25	阔蕊兰属 *Peristylus*	20
			26	隔距兰属 *Cleisostoma*	18
			27	苏铁属 *Cycas*	18

1.2.2.3　特有种统计

特有种（endemic species）是指"某一物种因历史、生态或生理因素等原因，造成其分布仅局限于某一特定的地理区域或大陆，而未在其他地方出现"。《国家重点保护野生植物名录》中我国特有种共计 1 105 种，占总物种数的 50.8%。它们起源古老，许多是第三纪或第四纪孑遗植物和残遗植物，如翠柏（*Calocedrus macrolepis*）、银杉（*Cathaya argyrophylla*）、秃杉（*Taiwania flousiana*）、伯乐树（*Bretschneidera sinensis*）、黄檗（*Phellodendron amurense*）、珙桐（*Davidia involucrate* var. *involucrata*）、伞花木（*Eurycorymbus cavaleriei*）、南方铁杉（*Tsuga chinensis* var. *tchekiangensis*）等。它们大多分布范围极其狭窄，甚至仅分布在一个行政省或县（市），极易受到威胁，如梵净山冷杉（*Abies fanjingshanensis*）、辐花苣苔（*Thamnocharis esquirolii*）、贵州苏铁（*Cycas guizhouensis*）等。

1.2.2.4　生活型统计

生活型是植物在长期演化过程中对同一环境条件（特别是气候条件和土壤条件）等环境综合因子适应的形态特征，可以反映植物演化和生态学、生物学特性的总特征。《国家重点保护野生植物名录》中共有乔木 247 种、灌木 100 种、草本 1 727 种、藤本 103 种，分别占总物种数的 11.35%、4.59%、79.33%、4.73%。其中，草本植物所占比例最高，主要是因为兰科植物在总物种中所占的比例最大，对其不合理的开发利用是最主要的濒危原因。此外，乔木植物所占的比例也很高，主要是一些古老原始的裸子植物，其分布范围狭窄，又具有较高的经济价值，导致被过度地开采和利用，使之既是"生态濒危种"，又是"进化濒危种"。

1.3　结论

《国家重点保护野生植物名录》是我国迄今为止最具权威性的植物保护名录。该名录中共列出国家重点保护野生植物 437 个物种和 22 个类群（指种以上的科或属等分类单位），共计 2 177 种，隶属 130 个科、484 个属；分为两个保护级别，其中 I 级保护植物 296 种，II 级保护植物 1 881 种；该名录中物种由蕨类植物、裸子植物、被子植物、蓝藻和真菌 5 个类群组成，被子植物占绝对优势；特有程度很高，共有我国特有种 1 105 个，占总物种数的 50.8%；生活型以草本植物为主，其次是乔木植物。

第2章 山西省重点保护野生植物的资源概况[①]

野生植物资源既是国家宝贵的自然资源，也是自然环境的重要组成部分，积极保护和合理利用野生植物资源，对发展我国国民经济、维护生态平衡、改善自然环境、丰富人民生活等方面有着极为重要的意义[6-8]。加强对野生植物资源，尤其是对处于受威胁状态的植物进行资源调查、濒危机制的探讨、优先保护等方面的研究，可以为我国野生植物资源的有效保护和合理利用提供依据[9,10]。针对国家重点保护植物，学者们已经在国家尺度、省级尺度及保护区尺度开展了大量的相关研究工作[11-18]。

山西省地处黄河中游，横跨6个纬度带，独特的地理位置和复杂的气候、地貌使得山西省有着较为丰富的野生植物资源，植物区系在华北植物区系中占据重要地位[18]。然而，由于自然和社会的原因，山西省自然植被受到严重破坏和威胁。1999年国务院颁布了《国家重点保护野生植物名录》（第一批）之后，山西省人民政府于2004年颁布了《山西省重点保护野生植物名录》（第一批），列出了山西省省级重点保护野生植物的物种名录。

因此，对山西省重点保护野生植物资源现状进行调查，继而开展相关的研究工作已经迫在眉睫，为山西省重点保护野生植物的保护提供科学依据[19]。

2.1 山西省重点保护野生植物名录

本章以1999年国务院正式批准颁布的《国家重点保护野生植物名录》（第一批）[1,20]和2004年山西省人民政府颁布的《山西省重点保护野生植物名录》（第一批）[21]为依据，首先确定了山西省重点保护野生植物。参考《中国植物志》和 *Flora of China*[22] 对物种信息进行核准和校正，最终确定了山西省重点保护野生植物的物种名录，详见附录1。

该名录共包括57种山西省重点保护野生植物，其中收录于《国家重点保护野生植物名录》（第一批）且在山西省境内分布的共有8种（表2.1），包括国家I级重点保护野生植物2种、国家II级重点保护野生植物6种；收录于《山西省重点保护野生植物名录》（第一批）的省级重点保护野生植物共有49种（表2.2）。

---

① 张殷波，张晓龙，卢怡萌，等. 山西省重点保护野生植物资源及区系特征研究. 植物研究，2013，33（1）：18-23.

表 2.1　山西省内分布的国家重点保护野生植物名录

编号	科名	科拉丁名	中文种名	拉丁学名	保护级别
01	红豆杉科	Taxaceae	红豆杉	*Taxus wallichiana* var.*chinensis*	国家Ⅰ级
02	红豆杉科	Taxaceae	南方红豆杉	*Taxus wallichiana* var. *mairei*	国家Ⅰ级
03	连香树科	Cercidiphyllaceae	连香树	*Cercidiphyllum japonicum*	国家Ⅱ级
04	豆科	Leguminosae	野大豆	*Glycine soja*	国家Ⅱ级
05	椴树科	Tiliaceae	紫椴	*Tilia amurensis*	国家Ⅱ级
06	胡颓子科	Elaeagnaceae	翅果油树	*Elaeagnus mollis*	国家Ⅱ级
07	木犀科	Oleaceae	水曲柳	*Fraxinus mandschurica*	国家Ⅱ级
08	禾本科	Gramineae	沙芦草	*Agropyron mongolicum*	国家Ⅱ级

表 2.2　山西省省级重点保护野生植物名录

编号	科名	科拉丁名	中文种名	拉丁学名
09	紫萁科	Osmundaceae	紫萁	*Osmunda japonica*
10	鳞毛蕨科	Dryoperidaceae	反曲贯众	*Cyrtomium recurvum*
11	松科	Pinaceae	臭冷杉	*Abies nephrolepis*
12	麻黄科	Ephedraceae	木贼麻黄	*Ephedra equisetina*
13	杨柳科	Salicaceae	冬瓜杨	*Populus purdomii*
14	桦木科	Betulaceae	铁木	*Ostrya japonica*
15	壳斗科	Fagaceae	匙叶栎	*Quercus dolicholepis*
16	榆科	Ulmaceae	脱皮榆	*Ulmus lamellosa*
17	榆科	Ulmaceae	青檀	*Pteroceltis tatarinowii*
18	桑科	Moraceae	异叶榕	*Ficus heteromorpha*
19	领春木科	Eupteleaceae	领春木	*Euptelea pleiosperma*
20	毛茛科	Ranunculaceae	宁武乌头	*Aconitum ningwuense*
21	毛茛科	Ranunculaceae	山西乌头	*Aconitum smithii*
22	毛茛科	Ranunculaceae	楔裂美花草	*Callianthemum cuneilobum*
23	樟科	Lauraceae	山胡椒	*Lindera glauca*
24	樟科	Lauraceae	山橿	*Lindera reflexa*
25	樟科	Lauraceae	木姜子	*Litsea pungens*
26	景天科	Crassulaceae	红景天	*Rhodiola rosea*
27	金缕梅科	Hamamelidaceae	山白树	*Sinowilsonia henryi*
28	豆科	Leguminosae	堇花槐	*Sophora japonica* var. *violacea*
29	豆科	Leguminosae	窄叶槐	*Sophora angustifoliola*
30	芸香科	Rutaceae	竹叶花椒	*Zanthoxylum armatum*

编号	科名	科拉丁名	中文种名	拉丁学名
31	漆树科	Anacardiaceae	漆树	*Toxicodendron vernicifluum*
32	省沽油科	Staphyleaceae	省沽油	*Staphylea bumalda*
33	省沽油科	Staphyleaceae	膀胱果	*Staphylea holocarpa*
34	槭树科	Aceraceae	细裂槭	*Acer pilosum* var. *stenolobum*
35	槭树科	Aceraceae	血皮槭	*Acer griseum*
36	无患子科	Sapindaceae	文冠果	*Xanthoceras sorbifolia*
37	清风藤科	Sabiaceae	泡花树	*Meliosma cuneifolia*
38	清风藤科	Sabiaceae	暖木	*Meliosma vertchiorum*
39	猕猴桃科	Actinidiaceae	狗枣猕猴桃	*Actinidia kolomikta*
40	猕猴桃科	Actinidiaceae	软枣猕猴桃	*Actinidia arguta*
41	大风子科	Flacourtiaceae	山桐子	*Idesia polycarpa*
42	五加科	Araliaceae	刺楸	*Kalopanax septemlobus*
43	山茱萸科	Cornaceae	山茱萸	*Cornus officinalis*
44	山茱萸科	Cornaceae	四照花	*Dendrobenthamia japonica* var. *chinensis*
45	杜鹃花科	Ericaceae	迎红杜鹃	*Rhododendron mucronulatum*
46	白花丹科	Plumbaginaceae	角柱花	*Ceratostigma plumbaginoides*
47	野茉莉科	Styracaceae	野茉莉	*Styrax japonicus*
48	野茉莉科	Styracaceae	芬芳安息香	*Styrax odoratissimus*
49	野茉莉科	Styracaceae	老鸹铃	*Styrax hemsleyanus*
50	木犀科	Oleaceae	流苏树	*Chionanthus retusus*
51	夹竹桃科	Apocynaceae	络石	*Trachelospermum jasminoides*
52	马鞭草科	Verbenaceae	日本紫珠	*Callicarpa japonica*
53	马鞭草科	Verbenaceae	窄叶紫珠	*Callicarpa membranacea*
54	忍冬科	Caprifoliaceae	蝟实	*Kolkwitzia amabilis*
55	忍冬科	Caprifoliaceae	锦带花	*Weigela florida*
56	桔梗科	Campanulaceae	党参	*Codonopsis pilosula*
57	桔梗科	Campanulaceae	桔梗	*Platycodon grandiflorus*

国家Ⅰ级保护野生植物的 2 个物种分别是红豆杉（*Taxus wallichiana* var. *chinensis*）和南方红豆杉（*Taxus wallichiana* var. *chinensis*）。国家Ⅱ级保护野生植物的 6 个物种分别是连香树（*Cercidiphyllum japonicum*）、野大豆（*Glycine soja*）、紫椴（*Tilia amurensis*）、翅果油树（*Elaeagnus mollis*）、水曲柳（*Fraxinus mandschurica*）和沙芦草（*Agropyron mongolicum*）。

2.2　山西省重点保护野生植物的物种组成

山西省重点保护野生植物的科属物种组成统计见表 2.3。由表可知，山西省重点保护野生植物共计 57 个种，隶属 38 个科、45 个属。其中，蕨类植物包括 2 个科、2 个属和 2 个种；裸子植物包括 3 个科、3 个属和 4 个种；被子植物包括 33 个科、40 个属和 51 个种。

表 2.3　山西省重点保护野生植物的科属组成

类群	科数/个	属数/个	种数/个	国家Ⅰ级保护植物/种	国家Ⅱ级保护植物/种	省级保护植物/种
蕨类植物	2	2	2	0	0	2
裸子植物	3	3	4	2	0	2
被子植物	33	40	51	0	6	45
总　计	38	45	57	2	6	49

从山西省重点保护野生植物在科内种数的组成（表 2.4）可以看出：

（1）包含物种数量为 3 个种的科共计 4 个科，分别是豆科（Leguminosae）、樟科（Lauraceae）、毛茛科（Ranunculaceae）和野茉莉科（Styracaceae）。这 4 个科共包含 7 个属和 12 个种，分别占山西省重点保护野生植物总的科、属、种数的 10.53%、15.56% 和 21.05%。

（2）包含物种数量为 2 个种的科共计 11 个科，分别是槭树科（Aceraceae）、猕猴桃科（Actinidiaceae）、桔梗科（Campanulaceae）、忍冬科（Caprifoliaceae）、山茱萸科（Cornaceae）、木犀科（Oleaceae）、清风藤科（Sabiaceae）、省沽油科（Staphyleaceae）、红豆杉科（Taxaceae）、榆科（Ulmaceae）和马鞭草科（Verbenaceae）。这 11 个科共包含 15 个属和 22 个种，分别占山西省重点保护野生植物总的科、属、种数的 28.95%、33.33% 和 38.60%。其中包括 3 个单种属，分别是青檀属（*Pteroceltis*）、蝟实属（*Kolkwitzia*）和桔梗属（*Platycodon*）。

合计以上包含山西省重点保护野生植物物种数量大于 1 个种的科，共计 15 个科，共包含 22 个属和 34 个种，分别占到山西省重点保护野生植物总的科、属、种数的 39.47%、48.89% 和 59.65%。

（3）包含物种数量仅为 1 个种的科共计 23 个科，共包含 23 个属和 23 个种，分别占山西省重点保护野生植物总的科、属、种数的 60.52%、51.11% 和 40.35%。其中包括 3 个单属科和 4 个单种属，它们分别是连香树科（Cercidiphyllaceae）、领春木科（Eupteleaceae）、麻黄科（Ephedraceae）、连香树属（*Cercidiphyllum*）、文冠果属（*Xanthoceras*）、山白树属（*Sinowilsonia*）和刺楸属（*Kalopanax*）。

表 2.4　山西省重点保护野生植物包含的物种数量统计

科名	种数/个	属数/个	种名
豆科	3	2	野大豆、堇花槐、窄叶槐
樟科	3	2	山胡椒、山橿、木姜子
毛茛科	3	2	宁武乌头、山西乌头、楔裂美花草
野茉莉科	3	1	野茉莉、芬芳安息香、老鸹铃
槭树科	2	1	细裂槭、血皮槭
猕猴桃科	2	1	狗枣猕猴桃、软枣猕猴桃
桔梗科	2	2	党参、桔梗
忍冬科	2	2	蝟实、锦带花
山茱萸科	2	1	山茱萸、四照花
木犀科	2	2	水曲柳、流苏树
清风藤科	2	1	泡花树、暖木
省沽油科	2	1	省沽油、膀胱果
红豆杉科	2	1	红豆杉、南方红豆杉
榆科	2	2	脱皮榆、青檀
马鞭草科	2	1	日本紫珠、窄叶紫珠

2.3　山西省重点保护野生植物的分布区域

通过查阅《山西珍稀濒危植物》[18]《山西植物志》[23,24]《山西省珍稀濒危保护植物》[25]、标本记录、各种期刊文献、野外调查数据、自然保护区的科考报告和总体规划等各种数据来源，统计全省 119 个县（区）内 57 个山西省重点保护野生植物的分布情况，最终确定了山西省重点保护野生植物的分布区域为山西省 11 个地（市）的 61 个县（区）境内，分布范围如图 2.1 所示。

从图 2.1 中可以看出，山西省重点保护野生植物分布不集中，在 11 个地（市）均有分布，且分布的 61 个县（区）零散地分布于全省境内。

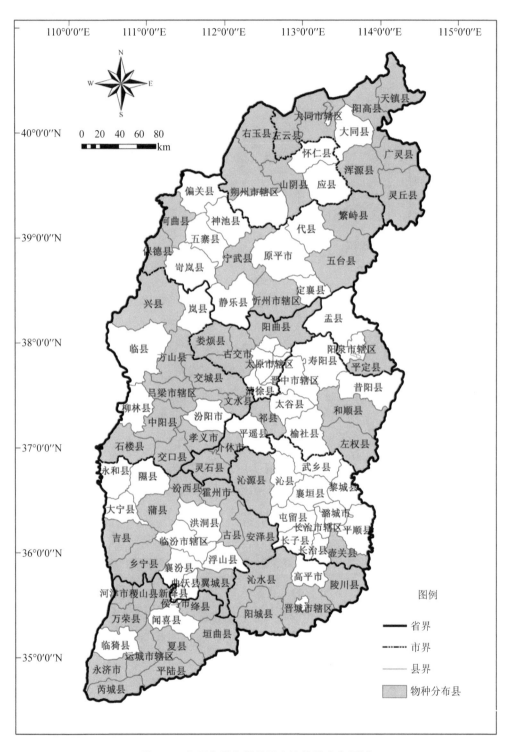

图 2.1 山西省重点保护野生植物的分布区域

　　进一步依据物种的分布县（区）数据，统计每一个物种分布的县（区）数量（图 2.2），以此分析山西省重点保护野生植物不同物种的分布范围大小。从图 2.2 中可以看出，绝大多数物种分布的县（区）数量较少，分布范围较为狭窄，仅有极少数物种分布的县（区）数量较多，分布范围较广。

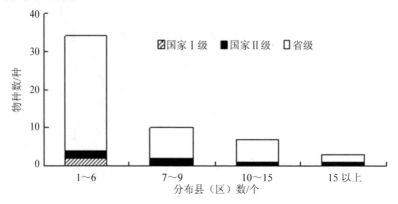

图 2.2　山西省重点保护野生植物的分布县（区）的统计

　　（1）仅分布于 1～6 个县（区）的有 34 种，占总种数的 63%，包括国家Ⅰ级保护植物红豆杉和南方红豆杉 2 个种，国家Ⅱ级保护植物连香树和沙芦草 2 个种，省级保护植物臭冷杉、堇花槐、窄叶槐、细裂槭、山桐子、青檀、泡花树、山茱萸、角柱花、老鸹铃、络石、四照花等 30 个种。其中，国家Ⅰ级重点保护野生植物红豆杉分布的县（区）数量仅有沁水县 1 处，南方红豆杉分布的县（区）数量只有 5 处。

　　（2）分布于 7～9 个县（区）的物种有 10 种，占总种数的 18.5%，包括国家Ⅱ级保护植物翅果油树和水曲柳 2 个种，省级保护植物脱皮榆、木姜子、省沽油、刺楸、窄叶紫珠、蝟实、红景天和竹叶花椒 8 个种。

　　（3）分布于 10～15 个县（区）的物种有 7 种，占总种数的 13%，包括国家Ⅱ级保护植物紫椴 1 个种，省级保护植物膀胱果、软枣猕猴桃、木贼麻黄、流苏树、桔梗和漆树 6 个种。

　　（4）分布于 15 个县（区）以上的物种有 3 种，占物种种数的 5.5%，包括国家Ⅱ级保护植物野大豆 1 个种，省级保护植物文冠果和党参 2 个种。其中，党参的分布范围最广，分布县（区）有 33 处；野大豆次之，分布县（区）有 19 处。

　　（5）除此以外，2 种蕨类植物反曲贯众和紫萁，1 种被子植物日本紫珠，目前没有找到有关记录这 3 个物种的地理分布信息。

　　考虑到反曲贯众、紫萁和日本紫珠这 3 种山西省重点保护野生植物地理分布数据的缺失，因此本章不对日本紫珠、反曲贯众和紫萁 3 种植物进行地理分布的分析，也不计算这 3 个种在县域的分布比例。

2.4　结论

　　以 1999 年《国家重点保护野生植物名录》（第一批）和 2004 年《山西省重点保护野生植物名录》（第一批）为依据，建立了山西省重点保护野生植物名录。该名录共记录山西省重点保护野生植物 57 种，隶属 38 个科、45 个属。其中国家Ⅰ级保护植物有红豆杉和南方红豆杉共 2 种，国家Ⅱ级保护植物有翅果油树、水曲柳、紫椴、野大豆、连香树和沙芦草共 6 种，省级保护野生植物共 49 种。

　　山西省重点保护野生植物具有非常重要的研究价值和保护价值，有些是中国特有的单种属和单属科的植物，有些具有较高的药用价值和重要的经济价值，如络石、山茱萸、暖木（*Meliosma vertchiorum*）和翅果油树等。山西省重点保护野生植物资源的有效保护和合理开发对我国生物多样性保护和可持续利用具有重要意义。

　　山西省重点保护野生植物在全省的分布不集中，零散地分布于全省 61 个县（区）境内。绝大多数山西省重点保护野生植物分布的县（区）数量较少，分布范围狭窄；只有极少数山西省重点保护野生植物分布的县（区）数量较多，分布范围较广。分布于 1～6 个县（区）的山西省重点保护野生植物有 34 种，占到总种数的 63%。分布于 15 个县（区）以上的物种仅有 3 种，分别是国家Ⅱ级保护植物野大豆、省级保护植物文冠果和党参。

　　本章通过对山西省重点保护野生植物资源现状进行初步研究，为野生植物资源的保护和合理利用提供科学依据与参考。如何进行自然保护地的空间布局优化，提高濒危物种的保护效率，从而制定合理的保护策略，仍是山西省生物多样性保护工作面临的任务和挑战。

第 3 章　山西省重点保护野生植物的区系特征[①]

　　植物区系是一个地区植被的基础，是植物在一定历史条件和自然地理条件的综合作用下长期演化的结果[26]。研究濒危植物的区系特征对于生物多样性保护理论和濒危机制的探讨具有重要意义[27-29]。在我国，许多省份已陆续开展了相关研究工作[30-33]，本章通过对山西省重点保护野生植物的区系成分进行分析，将为山西省珍稀濒危植物的保护和合理有效地利用资源提供理论依据与参考。

3.1　山西省重点保护野生植物区系成分分析

3.1.1　科的分布区类型

　　依据吴征镒关于中国种子植物科的分布区类型的划分方法[34]，山西省重点保护野生植物36 个科的分布区可以划分为 6 个分布区类型（表 3.1），紫萁科和鳞毛蕨科不计入区系统计。

表 3.1　山西省重点保护野生植物科的分布区类型

分布类型	科数/个	比例/%
1. 世界分布（Cosmopolitan）	10	27.78
2. 泛热带分布及其变型（Pantropic）	8	22.22
3. 热带亚洲和热带美洲间断分布（Trop. Asia & Trop. Amer. Disjuncted）	4	11.11
6. 热带亚洲至热带非洲分布（Trop. Asia to Trop. Africa）	—	—
7. 热带亚洲分布及其变型（Trop. Asia）	1	2.78
8. 北温带分布及其变型（North Tempera）	11	30.56
9. 东亚和北美洲际间断分布（E. Asia & N. Amer. Disjuncted）	—	—
10. 旧世界温带分布（Old World Temperate）		
14. 东亚分布及其变型（Eastern Asia）	2	5.55
15. 中国特有分布（Endemic to China）	—	—
总　计	36	100.00

注：紫萁科和鳞毛蕨科不计入区系统计。

---

① 张殷波，张晓龙，卢怡萌，等. 山西省重点保护野生植物资源及区系特征研究. 植物研究. 2013，33（1）：18-23.

（1）世界分布。世界分布类型的科为分布类型（1），共 10 个科，占总科数的 27.78%，包括白花丹科、杜鹃花科、禾本科、景天科、桔梗科、豆科、毛茛科、木犀科、桑科和榆科。

（2）热带分布。热带分布类型的科包括分布类型（2、3、7）3 个类型，共 13 个科，所占比例较大，占总科数的 36.11%。其中，泛热带分布及其变型共有 8 个科，占总科数的 22.22%，分别是大风子科、椴树科、夹竹桃科、漆树科、无患子科、芸香科、猕猴桃科和樟科；其次是热带亚洲和热带美洲间断分布类型共 4 个科，占总科数的 11.11%，分别是马鞭草科、省沽油科、五加科和野茉莉科；热带亚洲分布及其变型仅清风藤科 1 个科，占总科数的 2.78%。其中一些科在山西省的分布达到中国自然分布的最北限，如樟科、漆树科、椴树科、马鞭草科、省沽油科和五加科等。这说明山西省重点保护野生植物的区系具有一定的热带渊源。

（3）温带分布。温带分布类型的科包括分布类型（8、14）2 个类型，共 13 个科，所占比例与热带分布类型相同。其中，北温带分布及其变型共 11 个科，占总科数的 30.56%，分别是红豆杉科、胡颓子科、桦木科、金缕梅科、壳斗科、麻黄科、槭树科、忍冬科、山茱萸科、松科和杨柳科等，主要为当地群落的建群种或优势种；东亚分布及其变型共 2 个科，占总科数的 5.55%，分别是领春木科和连香树科。其中，金缕梅科、连香树科和领春木科均为古老而复杂的科[35]，桦木科、壳斗科、杨柳科等大多数是从热带山区分布到温带的落叶乔灌木。

3.1.2　属的分布区类型

依据吴征镒对中国种子植物属的分布区类型的划分方法[26,36,37]，山西省重点保护野生植物 43 个属的分布区可以划分为 10 个分布区类型（表 3.2），紫萁属和贯众属不计入区系统计。

表 3.2　山西省重点保护野生植物属的分布区类型

分布类型	属数/个	比例/%
1. 世界分布（Cosmopolitan）	1	2.33
2. 泛热带分布及其变型（Pantropic）	5	11.62
3. 热带亚洲和热带美洲间断分布（Trop. Asia & Trop. Amer. Disjuncted）	2	4.65
6. 热带亚洲至热带非洲分布（Trop. Asia to Trop. Africa）	2	4.65
7. 热带亚洲分布及其变型（Trop. Asia）	1	2.33
8. 北温带分布及其变型（North Tempera）	17	39.54
9. 东亚和北美洲际间断分布（E. Asia & N. Amer. Disjuncted）	2	4.65
10. 旧世界温带分布（Old world Temperate）	1	2.33
14. 东亚分布及其变型（Eastern Asia）	8	18.60
15. 中国特有分布（Endemic to China）	4	9.30
总　　计	43	100.00

注：紫萁属和贯众属不计入区系统计。

（1）世界分布。世界分布类型的属为分布类型（1），仅有1个属，为槐属。

（2）热带分布。热带分布类型的属包括分布类型（2、3、6、7）4个类型，共10个属，占总属数的23.25%。其中，泛热带分布及其变型共有5个属，占总属数的11.62%，包括麻黄属、紫珠属、榕属、安息香属和花椒属，其中麻黄属的木贼麻黄为构成干旱地带灌丛植被的建群成分；热带亚洲至热带美洲间断分布有2个属，包括泡花树属和木姜子属；热带亚洲至热带非洲分布有2个属，包括蓝雪花属和大豆属；热带亚洲分布及其变型仅有山胡椒属1个属。

（3）温带分布。温带分布类型的属包括分布类型（8、9、10、14）4个类型，共28个属，占总属数的65.12%，占绝对优势。其中，北温带分布及其变型所占比例最大，共有17个属，占总属数的39.54%，包括杜鹃花属、冰草属、红豆杉属、铁木属、乌头属、冷杉属、白蜡树属、漆树属、山茱萸属、杨属、榆属、椴树属、栎属、槭树属、胡颓子属、省沽油属和红景天属，为森林植被和灌丛植被的主要建群成分或优势成分；其次是东亚分布及其变型，共有8个属，包括领春木属、党参属、猕猴桃属、山桐子属、莲香树属、锦带花属、刺楸属和桔梗属；东亚和北美洲间断分布有2个属，包括流苏属和络石属；旧世界温带分布仅有美花草属1个属。

（4）中国特有分布。中国特有分布类型的属为分布类型（15），共4个属，占总属数的9.30%，包括山白树属、蝟实属、文冠果属和青檀属，且均为单种属。

3.2　山西省重点保护野生植物的区系特征

3.2.1　区系成分复杂多样，过渡性特征明显

山西省重点保护野生植物中种子植物共55种，隶属36个科和43个属。从科的区系组成来看，世界分布（27.78%）、热带分布（36.11%）和温带分布（36.11%）的比例均较大，既呈现出明显的温带性质，又具有明显的热带性质；从属的区系组成来看，温带分布共28个属，占总属数的65.12%，占有绝对优势，热带分布共10个属，占总属数的23.25%，进一步说明山西省重点保护野生植物区系成分呈现出明显的温带性质，过渡性特征比较明显，并且在属水平上呈现出的温带亲缘特点比科水平上的更加突出。

3.2.2　单种属多

山西省重点保护野生植物中包括的单种属有7个属，占总属数的16.28%。这7个单种属分别是文冠果属、青檀属、桔梗属、莲香树属、蝟实属、山白树属和刺楸属，其中文冠果属、青檀属、蝟实属和山白树属这4个属为我国特有的单种属。对研究植物区系

和系统发育具有重要的科学价值。它们在一定程度上反映了山西省重点保护野生植物区系特征的古老性。

3.2.3　区系起源古老、孑遗植物较多

山西省重点保护野生植物中有丰富的古老植物。裸子植物中，红豆杉科中的南方红豆杉是第三纪的古老孑遗植物，麻黄科、领春木科和连香树科在系统发育上均是完全孤立的古老的科；被子植物中，樟科、壳斗科、椴树科和榆科等在白垩纪就存在和发展了，均为原始的残遗植物，金缕梅科和大风子科等在新生代第三纪初期也已出现。此外，还有许多成分是第三纪古热带植物区系的后裔或残遗[35]。翅果油树是经第四纪冰川作用后残存下来的中国特有的古生物植物，在中国的分布仅为山西省南部和陕西省户县的局部地区。

3.2.4　特有比例较高

山西省重点保护野生植物区系组成中的特有比例较高。其中，中国特有分布类型共 4 个属，占总属数的 9.30%，分别是文冠果属、青檀属、蝟实属和山白树属；特有种有 13 个，占总种数的 22.81%，包括宁武乌头、山西乌头、楔裂美花草、堇花槐和窄叶槐 5 种山西特有种，以及冬瓜杨、青檀、山白树、血皮槭、文冠果、蝟实、沙芦草、水曲柳 8 种中国特有种。

3.3　山西省重点保护野生植物区系与山西省种子植物区系的关系

山西省地处我国暖温带和温带气候植被的交错区，境内地形复杂，利于多种局部小生境的发育，以至于山西植物区系含有许多古老的科属，并保留有不少残遗植物。据不完全统计，山西省野生种子植物有 2 500 多种，李跃霞和上官铁梁[39] 指出山西种子植物区系以温带分布区类型占优势地位，具有一定数量的古老成分，区系地理成分混杂且具有明显的过渡性。

比较山西省重点保护野生植物区系与山西省种子植物区系的特征，发现两者之间具有一定的相似性。但相对来说，山西省重点保护野生植物的热带成分比例较高，热带性质比山西省种子植物区系特征更明显。原因在于：

第一，这些热带分布的物种大多数是第三纪古热带植物区系的残遗物种。研究这些物种的分布区，对分析山西植物区系的起源有着重要的参考价值。

第二，山西省作为这些热带分布物种在中国自然分布的最北限，是我国古热带植物的"避难所"之一。

第三，热带分布的物种往往以木本植物为主，对生境要求较为严格，同时具有较高的经济价值，使得这些物种更容易受到人类威胁，成为受威胁物种或重点保护野生植物。

3.4   结论

山西省重点保护野生植物区系具有成分复杂多样、起源古老、过渡性特征明显、子遗植物和单种属多等特点，具有其独特的地理优势和保护价值。科的区系成分中温带分布型和热带分布型均占优势；属的区系成分以温带分布型占明显优势。

山西省重点保护野生植物区系与山西省种子植物的区系特征具有相似性，但相对来说热带性质比山西省种子植物区系特征更加明显。研究其区系特征可以对山西省重点保护野生植物区系地域分异特征有更加深入的认识，为研究山西省重点保护野生植物区系的起源、演化和发展提供重要线索，从而为野生植物资源的保护和合理利用提供科学的理论依据。

第4章 山西省重点保护野生植物的受威胁等级评估[①]

　　人类活动干扰的加强及自然环境的恶化，使生物多样性的种类和数量以空前的速度丧失，越来越多的物种将面临灭绝的危险[40]。据估计，当前物种灭绝的速度是自然灭绝速度的 100～1 000 倍[41]。我国既是生物多样性特别丰富的国家之一，又是生物多样性受到严重威胁的国家之一。在我国 3 万多种高等植物中，处于受威胁状态的濒危物种高达 4 000～5 000 种，占到总种数的 15%～20%[42,43]。开展物种受威胁状态的评估工作，确定物种优先保护顺序并适时调整濒危物种保护措施，是减缓物种灭绝的有效方法之一，对生物多样性保护具有重要意义[44,45]。

　　物种受威胁状态评估，就是根据物种的种群数量与分布范围、种群数量与分布区的减少速率来评定物种的受威胁等级，并针对物种的受威胁等级提出具体的保护措施[6]。《世界自然保护联盟物种红色名录等级和标准》（*IUCN Red List Categories and Criteria*）是目前被全球广泛接受的受威胁物种的分级标准体系[46]。该体系建立的目的是为依据物种的灭绝危险程度进行最广范围物种的受威胁等级划分提供明晰而客观的方法和框架。从 2000 年开始，世界自然保护联盟开始实施在全球范围内对各个类群的所有物种进行评估工作，目前已经完成了大部分物种的评估[②]。得到的物种红色名录及现状资料可以作为全球生物多样性保护的一个非常重要的工具性数据[47]。1991 年以来，我国学者在物种受威胁状态评估工作中取得了大量的研究成果。如汪松和解焱评估了我国 1 万多种野生动植物，其中包括植物 4 404 种[48]，王献溥等对世界自然保护联盟红色名录的等级和标准的应用进行了探讨和修订[49-51]，还有学者对一些特殊的生物类群或生态系统开展了受威胁等级评估的工作[45,52-56]。

　　本章依据《世界自然保护联盟物种红色名录等级和标准》以及该标准在地区水平上的应用指南，基于山西省重点保护野生植物数据库的建设，对山西省重点保护野生植物进行受威胁状态的评估，继而将评估结果与现有保护级别进行对比，最终得到山西省重点保护野生植物的受威胁等级。该研究结果可以为山西省野生物种濒危等级的划定和濒危体系的建立提供科学参考和合理化建议，同时对山西省野生植物的保护管理和合理利

① 卢怡萌，张殷波. 基于 IUCN 的山西省重点保护野生植物受威胁状态评估. 森林工程，2013，29（4）：18-23.
② http://www.iucnredlist.org.

用具有重要意义[57]。

4.1 评估方法与步骤

4.1.1 《世界自然保护联盟物种红色名录等级和标准》

世界自然保护联盟自 1960 年开始发布受威胁物种的红色名录，根据物种受威胁的现状和预测将来可能的灭绝风险，将物种划分为不同的受威胁等级。当前，《世界自然保护联盟物种红色名录等级和标准》是被世界广泛接受和应用的受威胁物种的分级标准体系，该体系可以为地区乃至全球范围内各类物种依据其灭绝危险程度划分受威胁等级提供一种明晰、统一、科学和客观的技术框架[58]。目前普遍采用的是 2001 年 IUCN/SSC 重新修订发布的版本《世界自然保护联盟物种红色名录等级和标准》（3.1 版）[59]。

（1）世界自然保护联盟物种红色名录的受威胁等级

该评估系统将物种的受威胁等级划分为 9 个等级（图 4.1），分别是灭绝（Extinct，EX）、野外灭绝（Extinct in the Wild，EW）、极危（Critically Endangered，CR）、濒危（Endangered，EN）、易危（Vulnerable，VU）、近危（Near Threatened，NT）、无危（Least Concern，LC）、数据缺乏（Data Deficient，DD）和未予评估（Not Evaluated，NE）。

其中，极危、濒危和易危这 3 个等级合称为受威胁等级。

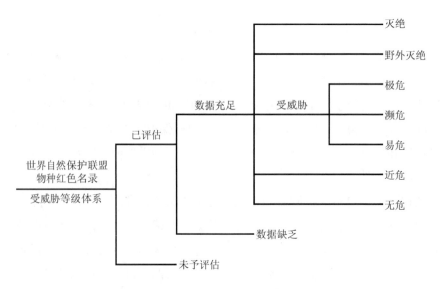

图 4.1   世界自然保护联盟物种红色名录受威胁等级体系[48]

- 灭绝：如果一个分类单元的最后一个个体确认已经死亡或者消失，即认为该分类单元已经灭绝。

- 野外灭绝：如果已知一个分类单元只生活在栽培、圈养条件下，或者只作为自然化种群（或种群）生活在远离其过去的栖息地时，即认为该分类单元属于野外灭绝。

- 极危：当一个分类单元的野生种群面临即将灭绝的概率非常高，即符合极危标准中的任何一条标准（A～E）时（见附录 2），该分类单元即列为极危。

- 濒危：当一个分类单元未达到极危标准，但是其野生种群在不久的将来面临灭绝的概率很高，即符合濒危标准中的任何一条标准（A～E）时（见附录 2），该分类单元即列为濒危。

- 易危：当一个分类单元未达到极危或濒危标准，但是在未来一段时间后，其野生种群面临灭绝的概率较高，即符合易危标准中的任何一条标准（A～E）时（见附录 2），该分类单元即列为易危。

- 近危：当一个分类单元未达到极危、濒危和易危标准，但是在未来一段时间后，接近符合或可能符合受威胁等级，该分类单元即列为近危。

- 无危：当一个分类单元被评估未达到极危、濒危、易危和近危标准时，该分类单元即列为无危。广泛分布和种类丰富的分类单元都属于该等级。

- 数据缺乏：如果没有足够的资料来直接或者间接地根据一个分类单元的分布或种群状况评估其灭绝的危险程度时，即认为该分类单元属于数据缺乏。

- 未予评估：如果一个分类单元未经运用本标准进行评估，则可将该分类单元列为未予评估。

（2）世界自然保护联盟物种红色名录受威胁等级的评估标准

世界自然保护联盟物种红色名录的评估标准分为 5 个方面，对极危、濒危和易危这 3 个等级赋予不同的定量指标（见附录 3）。这 5 个方面大致包括：

①种群大小的减少（过去、现在、将来）；

②种群地理范围（分布区和占有面积）减少；

③种群成熟个体数的减少；

④种群成熟个体数量；

⑤定量分析得到的种群将来野外灭绝的概率。

（3）地区指南

世界自然保护联盟物种红色名录的评估标准是为全球处于受威胁状态的物种进行定量评估和划分等级而制定的，用于在全球水平上的评估。将世界自然保护联盟物种红色名录的等级和标准应用于在区域、国家和地区水平（或统称为地区水平）上的评估，既是全球名录的一个子集，同时在特殊地理地区发布的红色名录也可以实现地区保护评估的目的。

《世界自然保护联盟物种红色名录等级和标准》（3.1 版）中所有的规则和定义都适用于地区水平的评估工作，《〈世界自然保护联盟物种红色名录等级和标准〉的应用指南》（Standards and Petitions Subcommittee of the IUCN SSC Red List Program Committee，2003）和《世界自然保护联盟重引入指南》（IUCN，1998）也同样适用于地区水平的评估工作。

4.1.2　具体评估步骤

（1）数据收集。在进行评估工作之前，尽可能收集所有有关记录山西省重点保护野生植物数据的各种资料。资料来源包括四种类型：①相关志书，如《山西省珍稀濒危保护植物》[25]《山西珍稀濒危植物》[18]《山西植物志》[23,24]和《中国物种红色名录》[48]等；②文献和资料，在中国知网数据库中依据关键词查找有关的期刊文献和山西省自然保护区物种名录的资料；③标本数据，中国数字植物标本馆（http：//www.cvh.ac.cn/）；④野外调查数据。

（2）物种评估数据库建设。将各个资料来源中可用于评估的相关数据进行筛选和提取，然后对数据进行分类整理，建立山西省重点保护野生植物的受威胁评估数据库。该数据库包含每一种保护植物的详细信息，以作为可采用的某一评估标准的依据，具体信息包括：

①种群的分布现状：分布面积、分布范围、分布位置等；

②种群的数量：种群大小、成熟个体株数等；

③种群受威胁现状：种群受威胁的现状及趋势、受威胁原因等；

④种群保护现状：当前保护情况、生境特征、是否在保护区内有分布、人类活动干扰情况等；

⑤物种属性特征：特有性、经济价值、药用价值、人工栽培和贸易情况等。

（3）对照评估标准进行预评估。依据《世界自然保护联盟红色名录等级和标准》（3.1 版）[59]以及地区指南作为评估工具，对照评估标准的具体指标，依据已建立的详细的山西省重点保护野生植物受威胁评估数据库，逐一对所有保护植物进行受威胁等级的预评估。

（4）评估等级的确定。将预评估结果与《中国物种红色名录》[48]和《山西珍稀濒危植物》[18]中已有的濒危等级进行比对，并结合物种特有性进行受威胁等级的调整，然后再聘请专家对评估结果进行最后评审，最终得到山西省重点保护野生植物的受威胁状态评估结果。

4.2 山西省重点保护野生植物的受威胁等级评估结果

利用《世界自然保护联盟红色名录等级和标准》，对山西省重点保护野生植物进行受威胁等级评估，其评估结果为（表 4.1）：山西省重点保护野生植物共分为 4 个受威胁等级，分别是极危（CR）、濒危（EN）、易危（VU）、数据缺乏（DD）。

表 4.1 山西省重点保护野生植物受威胁等级的评估结果

编号	植物名称	保护等级	评估结果
1	紫萁	省级	数据缺乏（DD）
2	反曲贯众	省级	数据缺乏（DD）
3	臭冷杉	省级	濒危（EN）
4	红豆杉	国家 I 级	极危（CR）
5	南方红豆杉	国家 I 级	极危（CR）
6	木贼麻黄	省级	易危（VU）
7	冬瓜杨	省级	极危（CR）
8	铁木	省级	易危（VU）
9	匙叶栎	省级	极危（CR）
10	脱皮榆	省级	易危（VU）
11	青檀	省级	濒危（EN）
12	异叶榕	省级	极危（CR）
13	领春木	省级	濒危（EN）
14	连香树	国家 II 级	极危（CR）
15	宁武乌头	省级	濒危（EN）
16	山西乌头	省级	濒危（EN）
17	楔裂美花草	省级	濒危（EN）
18	山胡椒	省级	濒危（EN）
19	山橿	省级	濒危（EN）
20	木姜子	省级	易危（VU）
21	红景天	省级	易危（VU）
22	山白树	省级	易危（VU）
23	野大豆	国家 II 级	易危（VU）
24	堇花槐	省级	极危（CR）
25	窄叶槐	省级	极危（CR）

编号	植物名称	保护等级	评估结果
26	竹叶花椒	省级	易危（VU）
27	漆树	省级	易危（VU）
28	省沽油	省级	易危（VU）
29	膀胱果	省级	易危（VU）
30	细裂槭	省级	濒危（EN）
31	血皮槭	省级	濒危（EN）
32	文冠果	省级	易危（VU）
33	泡花树	省级	濒危（EN）
34	暖木	省级	濒危（EN）
35	紫椴	国家Ⅱ级	易危（VU）
36	狗枣猕猴桃	省级	濒危（EN）
37	软枣猕猴桃	省级	易危（VU）
38	山桐子	省级	极危（CR）
39	翅果油树	国家Ⅱ级	易危（VU）
40	刺楸	省级	易危（VU）
41	山茱萸	省级	易危（VU）
42	四照花	省级	濒危（EN）
43	迎红杜鹃	省级	濒危（EN）
44	角柱花	省级	濒危（EN）
45	野茉莉	省级	濒危（EN）
46	芬芳安息香	省级	濒危（EN）
47	老鸹铃	省级	濒危（EN）
48	水曲柳	国家Ⅱ级	濒危（EN）
49	流苏树	省级	易危（VU）
50	络石	省级	濒危（EN）
51	日本紫珠	省级	数据缺乏（DD）
52	窄叶紫珠	省级	易危（VU）
53	蝟实	省级	易危（VU）
54	锦带花	省级	濒危（EN）
55	党参	省级	易危（VU）
56	桔梗	省级	易危（VU）
57	沙芦草	国家Ⅱ级	易危（VU）

（1）极危。山西省重点保护野生植物中被评估为"极危"受威胁等级的共有 9 种，占总物种数的 15.79%，分别是红豆杉、南方红豆杉、冬瓜杨、匙叶栎、异叶榕、连香树、蓳花槐、窄叶槐和山桐子。

（2）濒危。山西省重点保护野生植物中被评估为"濒危"受威胁等级的共有 22 种，占总物种数的 38.60%，分别是臭冷杉、青檀、领春木、宁武乌头、山西乌头、楔裂美花草、山胡椒、山櫴、细裂槭、血皮槭、泡花树、暖木、狗枣猕猴桃、四照花、迎红杜鹃、角柱花、野茉莉、芬芳安息香、老鸹铃、水曲柳、络石和锦带花。

（3）易危。山西省重点保护野生植物中被评估为"易危"受威胁等级的共有 23 种，占总物种数的 40.35%，分别是木贼麻黄、铁木、脱皮榆、木姜子、红景天、山白树、野大豆、竹叶花椒、漆树、省沽油、膀胱果、文冠果、紫椴、软枣猕猴桃、翅果油树、刺楸、山茱萸、流苏树、窄叶紫珠、蝟实、党参、桔梗和沙芦草。

（4）数据缺乏。山西省重点保护野生植物中被评估为"数据缺乏"的共有 3 种，占总物种数的 5.26%，分别是紫萁、反曲贯众和日本紫珠。

具体的评估结果中包括评估时所采用的评价标准和可能的受威胁原因，详见附录 3。

4.3 世界自然保护联盟受威胁等级评估结果与现行保护级别的比较

将基于世界自然保护联盟评估的受威胁等级最终结果与该名录现行的保护级别两者之间进行对比分析（图 4.2），得出以下结论：

（1）山西省重点保护野生植物名录中有 2 种国家Ⅰ级保护植物（红豆杉和南方红豆杉），这 2 个物种都被评估为"极危"等级。因此，这两者之间具有相对一致性。

（2）山西省重点保护野生植物名录中有 6 种国家Ⅱ级保护植物，其中连香树被评估为"极危"等级；水曲柳被评估为"濒危"等级；其余为野大豆、紫椴、翅果油树和沙芦草 4 种，被评估为"易危"等级。因此，证明这两者之间存在一定的差异性。

（3）山西省重点保护野生植物名录中有 49 种省级保护植物，其中有 6 种被评估为"极危"等级；21 种被评估为"濒危"等级；19 种被评估为"易危"等级。这一点进一步证明两者之间存在一定的差异性。

通过对两者进行对比分析可以得出，尽管现行保护级别和基于世界自然保护联盟的受威胁等级评估结果具有一致性，但也存在较大差异。主要原因是：《山西省重点保护野生植物名录》中，无论是国家级还是省级保护级别，在选择物种时优先考虑的是其经济价值和科研价值，其次才是物种的受威胁程度，且不同物种侧重考虑的方面也不尽相同。本章基于世界自然保护联盟红色名录等级和标准的评估结果将为山西省重点保护野生植物受威胁等级体系的建立、优先保护序列的设定，以及实施更有效的保护策略提供重要的科学参考。

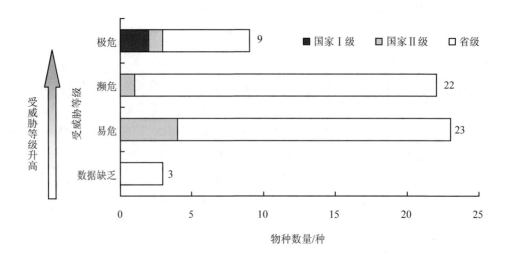

图 4.2 利用世界自然保护联盟标准评价山西重点保护野生植物的受威胁等级与现行保护等级的对比

4.4 分析与讨论

4.4.1 评估的经验

采用《世界自然保护联盟物种红色名录等级和标准》进行物种受威胁等级的评估过程中，得出以下方法和经验：

（1）利用"占有面积"这一评价标准时，对于不同生活型的物种，如果使用相同的定量标准，往往会过低地评价占有面积相对较小的物种。例如，对于草本植物，依据占有面积的评价定量值应该比乔木植物的小。因此，应考虑在评估中区别对待不同生活型植物，适当调整和制定适合不同生物类群的占有面积受威胁标准。

（2）在评估中，如果完全采用世界自然保护联盟物种红色名录的标准进行等级确定，即使在地区尺度上仍不可避免地遇到一些困难和问题，如可依据的数据仍很有限，定量的数据缺乏等。目前常采用标本数据的方法进行[60]，但也存在很大的局限性[61]。因此在实际评估中结合专家的意见和野外调查经验仍起到至关重要的作用。

（3）评价某一物种的受威胁等级时，往往可以采用不同的评价标准，但所得结果可能会差异很大。在这种情况下，建议采用"宁高勿低"的原则，即选择能使其定级最高的那个评价标准。例如，某物种的分布范围很大，如果套用评价标准 B 时可能定为易危，但其种群减少的趋势很明显；如果套用评价标准 A 时可能定为濒危，这时建议选择评价标准 A 来进行评估。

（4）对于濒危物种，应区别"进化濒危物种"和"生态濒危物种"，并分别采用不同的标准进行评估。"进化濒危物种"是指那些种群数量稀少、分布区范围较小、生态幅狭窄的孑遗物种，或由于长期环境演化后适应能力较差而面临灭绝风险的物种，这类物种是在进化时间尺度上面临生存危机的物种。在评估时，建议主要依据种群的地理分布范围或者种群成熟个体数量的评估标准进行。"生态濒危物种"是指那些不能适应由人类活动造成的短期生态环境演化的物种，或者受到人类活动直接影响而面临灭绝风险的物种，这类物种是在生态时间尺度上面临生存危机的物种。在评估时，建议主要依据种群大小在过去和现在的减少数量或者将来预测得到的减少概率的评估标准进行。

（5）一些在野外环境中处于受威胁状态的物种，尽管其人工繁殖的种群数量非常大，但是考虑到受威胁等级的高低会直接影响其受保护的程度，为了有效地保护野生居群和个体，在评估过程中建议对这类物种保留其濒危等级。未来通过直接的自然保护技术使其种群数量增加而得以恢复以后，可再对其受威胁等级进行降级处理。

4.4.2　评估意义与建议

本章在地区或区域尺度上进行物种受威胁等级评估，具有重要意义。

（1）在省级尺度开展的区域性物种受威胁等级评估工作，可以获得较为精确的物种数据，为评估工作奠定很好的基础，同时可为在全国范围内评估该物种提供数据支持。如堇花槐、窄叶槐等一些全省仅剩一株野生成熟个体的物种。

（2）该评估工作可以关注到一些地区或区域的特有种，对这些物种开展相关研究对生物多样性保护具有重要的意义。在评估过程中，对这类评估对象可以采用对受威胁等级进行升级的处理方法，这将为物种保护的优先次序提供更有力的支持。

（3）该评估结果反映了山西省在野生植物保护工作中仍需进一步加强相关的研究工作。具体包括加强受威胁物种的野外调查监测，完善和增补植物名录，优化自然保护区布局，提出更有效的野生植物保护策略等。在积极保护极危、濒危物种及其栖息地的同时，加强对易危物种及其栖息地的保护，防止易危种向濒危种、极危种转变。

此外，我们还发现了《山西省重点保护野生植物的名录》本身存在一些问题，包括：名录中收录的个别物种在分类学地位上存在异议；名录中有些物种的中文名和学名与《中国植物志》中的不一致；个别物种的分布范围和种群数量等信息严重缺失。同时，山西省重点保护野生植物中绝大多数缺乏种群大小或分布范围变化的动态监测数据，以及未来预测的定量数据，这也会影响依据相关标准评估物种的受威胁等级。

针对在评估过程中发现的以上问题，提出了相应的一些建议：

- 名录中物种论证及名称修订；
- 名录中物种受威胁等级的定期评估；
- 开展物种调查和监测工作；
- 加大科学研究力度。

4.5　结论

以《国家重点保护野生植物名录》（第一批）和《山西省重点保护野生植物名录》（第一批）为评估对象，依据《世界自然保护联盟物种红色名录等级和标准》及其地区指南，进行了山西省重点保护野生植物受威胁等级的评估。评估结果为：57 种山西省重点保护野生植物的受威胁等级分别为极危 9 种、濒危 22 种、易危 23 种、数据缺乏 3 种。该评估结果与现行的国家Ⅰ级、Ⅱ级和省级保护级别存在一定的差异性。

第5章　山西省重点保护野生植物的地理分布格局[①]

生物多样性正在全球范围内受到严重威胁，物种正以前所未有的速度减少或丧失[62]。如何更有效地降低物种灭绝速率，提高生物多样性保护效率，是当前研究的热点和焦点问题[63,64]。人们逐渐认识到传统的侧重单个物种的传统保护生物学效果很有限，只有明确保护对象的空间地理分布，充分了解其分布的位置、范围、相邻关系、生境条件以及空间动态变化，才能在景观或区域尺度上实施更为有效的生物多样性保护行动[65]。因此，在大尺度上对生物多样性的地理分布格局进行空间解译、识别生物多样性分布的热点地区，可以为优化生物多样性保护策略提供有效的途径[66]。

从20世纪90年代开始，随着"3S"技术和地统计学的发展，各种空间分析技术融入生态学研究领域，一门新的分支学科——保护生物地理学由此诞生[65]，这成为生物多样性保护的一次重大革命。保护生物地理学作为保护生物学和生物地理学的交叉分支学科，突出强调空间分析在生物多样性保护中的重要作用。至此，科学家们开始在全球和国家尺度上针对生物多样性的地理分布现状及保护开展宏观的战略性研究[67-71]，针对一些特殊类群（如濒危物种、特有物种、鸟类等）也展开了大量的深入探讨[72-75]。相关研究证明，大尺度上进行的生物多样性地理分布格局分析已经成为生物多样性保护和优先规划的重要途径与有效手段[76-78]。同时，在其他相对较小尺度［如区域、流域、保护区或者省（区、市）等］开展相关研究，对保护策略的提出和保护行动的实施也具有重要的价值和意义。

本章基于山西省重点保护野生植物的地理分布数据库建设和GIS技术的支持，分别从水平方向和垂直方向对山西省重点保护野生植物的地理分布格局进行研究，进而比较了地区尺度、县级尺度和网格尺度3个不同尺度的物种丰富度地理分布格局的特点，为生物多样性保护的相关研究提供数据基础和支持。

---

① Yinbo Zhang，Yingli Liu，Jingxuan Fu，et al. Bridging the "gap" in systematic conservation planning. Journal for Nature Conservation，2016，31：43-50.

5.1   研究区概况与研究方法

5.1.1   研究区概况

山西省位于黄土高原东部、华北平原西侧，介于太行山与黄河中游峡谷之间[79]。东部以太行山为界，与河北省为邻；西隔黄河与陕西相望；南与河南省接壤；北与内蒙古自治区相接。地理坐标为北纬 34°34'～40°43'、东经 110°14'～114°33'。东西最宽达 384 km，南北最长达 682 km，全省总面积约 15.63 万 km²，约占全国陆地总面积的 1.63%。全省共设 11 个省辖市、119 个县（市、区），包括 23 个市辖区、11 个县级市和 85 个县。

山西省总的地势轮廓是"两山夹一川"。境内地形状况较为复杂，山地多、平川少，高低起伏不定；平均海拔为 1 500 m 以上，最高峰为五台山，海拔为 3 061 m；地貌类型多样，拥有山地丘陵、高原、盆地、台地等多种类型，其中以山地丘陵为主。

山西省地处温带与暖温带地区，属温带大陆性季风气候，夏季高温多雨，冬季寒冷干燥。全省降水受地形影响较大，总的趋势是从东南向西北递减。南北气候差异较大，北部年均温 8～10℃，超过 10℃的年积温 2 100℃，无霜期 100～130 d，年降水量 350～400 mm；南部年均温 10～12℃，超过 10℃的年积温 4 500℃，无霜期 200～220 d，年降水量 500～570 mm[80]。

山西省植被和植物区系具有明显的复杂性、多样性、过渡性和特有性等特征[79]。植被分布呈现垂直地带性分布规律特别突出、纬度地带性分布规律比较明显，而经度地带性分布规律不明显的特征。

同时，山西省黄土广泛分布，水土流失严重，整体生态环境非常脆弱。加之山西省是中国的煤炭大省，近年来由于频繁的人类活动和严重的环境恶化，尤其是煤矿开采活动的加剧，生物多样性受到严重威胁，许多物种处于受威胁状态。

5.1.2   数据与方法

5.1.2.1   数据及来源

为了研究山西省重点保护野生植物的地理分布格局，首先收集有关物种地理分布的数据。数据来源包括以下 5 种类型：①各种植物志和学术著作，包括《中国植物志》、*Flora of China*、《山西省植物志》[23,24]《黄土高原植物志》[81,82]《山西树木志》[83]《山西植被》[79]《中国珍稀濒危植物》[5]《山西珍稀濒危植物》[18]等；②各种期刊资料，包括近期发表的关于山西省珍稀濒危植物的学术文献和学位论文等；③中国数字植物标本馆（http://www.

cvh.ac.cn/）的标本数据；④山西省各个自然保护区的科学考察集或者自然保护区总体规划等资料；⑤典型样点和空白样点进行的野外调查。

研究所需的其他数据还包括山西省行政区划图、山西省植被图、山西省土地利用图等。

5.1.2.2　物种地理分布数据库建立

将各个数据来源中有关山西省重点保护野生植物的地理分布信息进行提取、整理和分类，建立山西省重点保护野生植物的地理分布数据库。该数据库包括物种属性数据库及物种地理分布数据库两个部分。

物种属性数据库包括物种的相关属性信息，具体为：科名、属名、种名、保护级别、特有性、生活型、受威胁等级、受威胁原因等。

物种地理分布数据库包括物种的相关分布信息，具体为：分布市、分布县、具体位置、海拔范围、生境类型、分布于哪个自然保护区、数据来源等。

在建立的山西省重点保护野生植物地理分布数据库中，紫葳、反曲贯众和日本紫珠这 3 种植物的地理分布信息缺乏，因此本章仅对其余 54 种山西省重点保护野生植物进行地理分布格局的分析。

5.1.2.3　绘制地理分布图

（1）水平地理分布图的绘制

①地区尺度和县级尺度的水平地理分布图绘制

基于 5.1.2.2 已建立的山西省重点保护野生植物地理分布数据库，利用物理地理分布数据库中物种分布市和分布县的数据进行分析，其中分布市数据对应地区尺度分布图的绘制，分布县数据对应县级尺度分布图的绘制。

具体步骤：首先，分别统计各市和各县包含的重点保护植物的物种丰富度（species richness）；其次，在 ArcGIS 软件的支持下，将矢量化的山西省行政区划图与物种丰富度统计数据进行关联，并采用 Manual 分类方法对物种丰富度进行分级；最后，绘制出山西省重点保护野生植物在地区尺度和县级尺度的水平地理分布图。

②网格单元尺度的水平地理分布图绘制

在 5.1.2.2 已建立的山西省重点保护野生植物地理分布数据库中记录了有关物种分布的具体位置，但这些位置记录的信息并不能直接转换为经纬度坐标，因此本章采用将这些具体分布位置记录统一到网格单元内的方法进行数据处理。对于网格单元分辨率大小的选取，考虑到山西省乡（镇）的面积与 10 km×10 km 的网格单元面积大致相当，可以把数据库中有关具体位置的记录有效利用；同时 10 km 分辨率的网格单元面积小于山西省最小的自然保护区面积（灵空山自然保护区的面积最小，为 1 334 hm^2）。因此，最终确定了 10 km 作为网格单元的分辨率进行空间分析。

具体步骤：首先，采用 10 km×10 km 的网格单元将山西省整个研究区域进行网格化，共划分成 1 705 个网格单元；其次，将网格单元图与山西省植被图和山西省土地利用图进行空间叠加，基于数据库中物种分布具体位置并结合物种生境信息，逐一对每一种重点保护野生植物确定其分布的网格单元；最后，同地区尺度和县级尺度的方法相似，统计网格单元内的物种丰富度，在 ArcGIS 软件的支持下绘制出山西省重点保护野生植物在网格单元尺度的水平地理分布图。

（2）垂直地理分布格局的数据分析

基于 5.1.2.2 已建立的山西省重点保护野生植物地理分布数据库中的海拔范围信息，即物种分布的海拔上限和海拔下限进行垂直地理分布格局分析。

具体步骤：首先，统计所有重点保护野生植物的海拔分布最上限和最下限，得到海拔范围为 0～2 400 m；其次，将海拔范围按 200 m 的间隔进行划分，共得到 13 个海拔区间（大于 2 400 m 的设置为 1 个海拔区间）；最后，统计每个海拔区间的物种丰富度，绘制出山西省重点保护野生植物的垂直地理分布图。

5.2　山西省重点保护野生植物的水平地理分布格局

5.2.1　地区尺度的地理分布格局

山西省重点保护野生植物分布在全省 11 个市（图 5.1）。各个市中具体包含的重点野生保护野生植物数量见表 5.1。

（1）位于山西最南部的 2 个市——晋城市和运城市分布的保护物种最多。其中，晋城市包含 41 种山西省重点保护野生植物，包括 2 种国家Ⅰ级保护植物、4 种国家Ⅱ级保护植物和 35 种省级保护植物。运城市包含 40 种山西省重点保护野生植物，包括 1 种国家Ⅰ级保护植物、4 种国家Ⅱ级保护植物和 35 种省级保护植物。

（2）位于山西南部的临汾市分布的保护物种较多，包含 23 种山西省重点保护野生植物（包括 4 种国家Ⅱ级保护植物和 19 种省级保护植物），无国家Ⅰ级保护植物。

（3）位于山西中部的 5 个市分布的保护物种次之，分别是忻州市、晋中市、阳泉市、吕梁市和长治市，包含的山西省重点保护野生植物数量分别是 15 种、12 种、12 种、10 种和 8 种。

（4）山西省省会太原市、位于山西省最北部的大同市和朔州市分布的保护物种最少，包含的山西省重点保护野生植物数量分别是 7 种、8 种和 2 种。

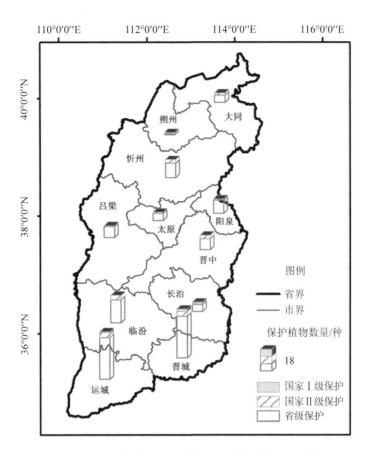

图 5.1　山西省重点保护野生植物地区尺度的水平地理分布

表 5.1　山西省各个市中包含的重点保护野生植物的数量　　　单位：种

地区	保护物种总数	国家 I 级保护	国家 II 级保护	省级保护
晋城市	41	2	4	35
运城市	40	1	4	35
临汾市	23	0	4	19
忻州市	15	0	3	12
晋中市	12	0	3	9
阳泉市	12	0	1	11
吕梁市	10	0	1	9
长治市	8	1	1	6
大同市	8	0	2	6
太原市	7	0	1	6
朔州市	2	0	1	1

5.2.2   县级尺度的地理分布格局

山西省重点保护野生植物在县级尺度上的水平地理分布极不均匀，集中分布在山西省的南部地区的个别县（区）（图5.2）。统计全省各个县（区）的物种丰富度并从多到少进行排序，划分为四个等级：

（1）包含山西省重点保护野生植物数量最多的Ⅰ级（包含14～31种），共5个县，包括阳城县（31种）、垣曲县（29种）、夏县（29种）、沁水县（22种）和泽州县（20种）。

（2）包含山西省重点保护野生植物数量较多的Ⅱ级（包含9～13种），共7个县，包括绛县（13种）、翼城县（13种）、平定县（12种）、永济市（12种）、蒲县（12种）、吉县（11种）和陵川县（10种）。

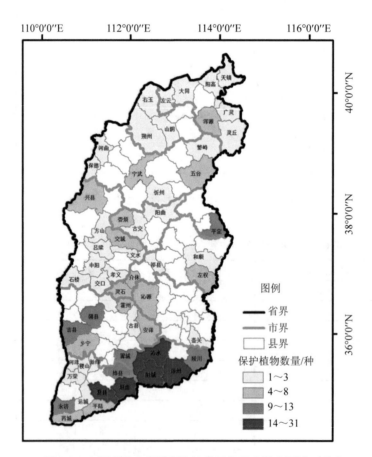

图5.2   山西省重点保护野生植物县级尺度的水平地理分布

（3）包含山西省重点保护野生植物数量较少的Ⅲ级（包含4～8种物种），共15个县，包括芮城县（8种）、宁武县（8种）、沁源县（7种）、兴县（7种）、娄烦县（6种）、左权县（6 种）、灵石县（6 种）、平陆县（6 种）、五台县（6 种）、安泽县（6 种）、乡宁县（6 种）、交城县（5 种）、浑源县（4 种）、介休县（4 种）和霍州（4 种）。

（4）包含山西省重点保护野生植物数量最少的Ⅳ级（包含 1～3 种），共 32 个县，包括阳曲县（3 种）、广灵县（3 种）、稷山县（3 种）、离石区（3 种）、阳高县（2 种）、天镇县（2 种）、灵丘县（2 种）、和顺县（2 种）、祁县（2 种）、万荣县（2 种）、新绛县（2 种）、繁峙县（2 种）、方山县（2 种）、中阳县（2 种）、古交县（1 种）、大同市辖区（1 种）、左云县（1 种）、壶关县（1 种）、朔州市市辖区（1 种）、山阴县（1 种）、右玉县（1 种）、盐湖区（1 种）、河津县（1 种）、忻府区（1 种）、河曲县（1 种）、保德县（1 种）、古县（1 种）、汾西县（1 种）、孝义县（1 种）、文水县（1 种）、石楼县（1 种）和交口县（1 种）。

为进一步分析包含物种丰富度较高的重要分布县的保护贡献率，首先筛选出物种丰富度最高的前 14 个分布县，分别是阳城县、垣曲县、夏县、沁水县、泽州县、绛县、翼城县、平定县、永济市、蒲县、吉县、陵川县、宁武县和芮城县；然后按照包含的重点保护物种数量对其进行排序后，统计它们的累计保护物种数评价其保护累计贡献率。具体如图 5.3 所示。

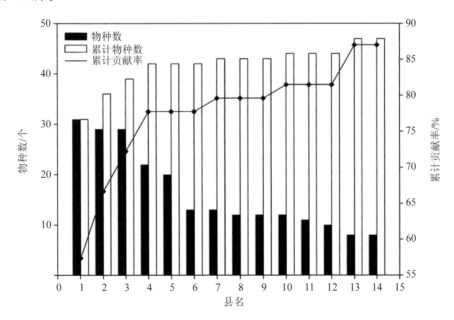

图 5.3　包含重点保护野生植物最多的 14 个县的累计

注：数字对应的县名：1. 阳城县；2.垣曲县；3.夏县；4.沁水县；5.泽州县；6.绛县；7.翼城县；8.平定县；9.永济市；10.蒲县；11.吉县；12.陵川县；13.宁武县；14.芮城县。

从图 5.3 中可以看出，累计物种曲线总体上呈上升趋势，但是累计速率呈现出先快、趋于平缓后又加快的特点。具体分析其过程，首先累计包含物种最多的前 4 个县（阳城县、垣曲县、夏县和沁水县）的物种后，累计物种数达到 42 个，占总物种数的 77.8%，因此累计物种曲线在前 4 个县呈现快速上升的趋势，证明这 4 个县的贡献率和重要性非常高，这 4 个被定义为山西省重点保护野生植物保护的关键地区；其次依次选择物种丰富度次之的、排第 5～12 位的 8 个县，分别为泽州县、绛县、翼城县、平定县、永济市、蒲县、吉县和陵川县，进行物种累计后累计物种数达到 44 个，占总物种数的比例增加到 81.5%。但是相对于排在最前面的 4 个县，这 8 个县仅累计增加了 2 个物种，因此累计物种曲线呈现出趋于平缓、略有上升的特点，证明这 8 个县的贡献率和重要性较低；当累计到丰富度排在前 14 个分布县的最后 2 个县（宁武县和芮城县）时，累计物种数达到 47 种，占总物种数的比例达到了 87.0%，这 2 个县又累计增加了 3 个物种，累计物种曲线又呈现出快速增加的特点，证明这 2 个县的贡献率和重要性也比较高。

通过以上分析得出，区域内的物种丰富度与保护累计贡献率并不一致，即一些包含物种数较多的分布县，其保护累计贡献率并不大；而一些包含物种数并不多的分布县，因其物种之间互补，所以保护累计贡献率反而较大。因此，在进行山西省重点保护野生植物的优先保护规划时，不能仅仅依据物种丰富度这一个指标评价保护地的重要性，需要更加深入的系统研究。

5.2.3 网格单元尺度的地理分布格局

从 10 km×10 km 网格单元尺度的水平地理分布格局（图 5.4）来看，山西省重点保护野生植物零散地分布于全省范围内，并且集中分布的空间范围大多位于省界或市（县）的交界处，尤其在山西省南部与河南省毗邻的历山、阳城蟒河一带分布的物种最为丰富。

将网格单元尺度与县级尺度的水平地理分布图进行对比分析（图 5.3、图 5.4），可以看出两者的地理分布格局基本一致，重点保护野生植物集中分布在山西省的南部地区。然而，通过与网格单元尺度的地理分布图进行比较，可以清晰地识别出一些分布在省界或市（县）边界的关键地区，包括山西和河南两省的交界处，山西和河北两省的交界处，晋城、运城和临汾三市的交界处，晋中和临汾两市的交界处等重要分布地区，以及一些物种丰富度较高的零星分布地区，如人祖山自然保护区、芦芽山自然保护区及五鹿山自然保护区等。

因此，网格单元尺度上的山西省重点保护野生植物的水平地理分布图大大提高了物种分布的精度，可作为下一步进行优先保护研究的数据基础，为开展山西省重点保护野生植物保护提供重要的数据支撑。

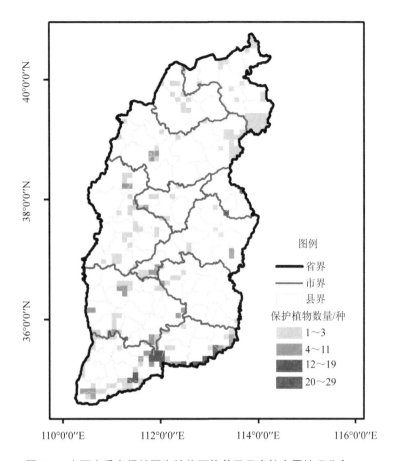

图 5.4　山西省重点保护野生植物网格单元尺度的水平地理分布

5.3　山西省重点保护野生植物的垂直地理分布格局

山西省重点保护野生植物的垂直分布范围较广,从 200 m 到 2 400 m 均有分布,且呈单峰形态分布(图 5.5)。

统计不同海拔区间的物种丰富度,可以得出:①山西省重点保护野生植物的垂直分布主要集中在海拔 600~1 800 m 的范围内,包含的保护植物最多,共 51 种,占总种数的 94.44%;②在海拔 1 800~2 400 m 和 0~600 m 范围内,包含较多的保护植物,有 20 种和 13 种,分别占总种数的 37.04%和 24.07%;③在海拔 2 400 m 以上分布的保护植物最少,只有软枣猕猴桃 1 种,所占比例为 1.85%。

因此,山西省重点保护野生植物在垂直方向上的地理分布以低山和中山海拔范围占绝对优势,分布的重点保护野生植物数量最多。

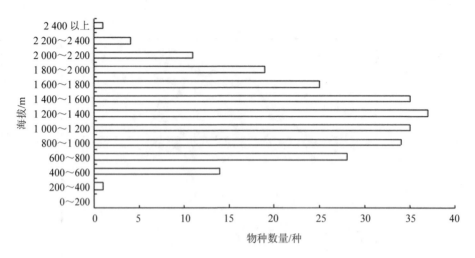

图 5.5　山西省重点保护野生植物的垂直地理分布

5.4　分析与讨论

5.4.1　物种地理分布数据的重要性

　　在进行生物多样性保护工作的过程中，决策者和管理者通常会遇到数据问题，数据的可靠性和精确性直接影响保护决策的制定[84]。大量标本数据中记录了采集对象的具体位置，可为相关研究提供最为精确的物种信息，因此逐渐受到学者们的广泛关注[85]。然而，由于标本采集的人为性、随机性，使得标本数据存在取样偏差的现象，且很多标本数据采集时间过于久远、物种鉴定存在错误，因此在进行地理分布格局研究中仍存在很大的局限性。在本章中，作者采用志书专著、标本数据、文献资料以及保护区科考报告等数据互相结合、互相补充的方法，将各种数据来源进行综合，既避免了仅用标本数据的不足，又尽量保证了数据的精度。这种数据使用方法为生物多样性地理分布及保护的研究提供了有效的数据支持。

　　随着 GIS 技术和地统计学的发展，目前在全球和全国尺度上关于生物多样性地理分布已有大量的研究工作。然而，在地区尺度关于生物多样性地理分布的研究对区域内的生物多样性保护规划和政策实施更具实际意义[73]。本章运用 GIS 技术和地理分布数据库，从水平分布和垂直分布两个方向对山西省重点保护野生植物的地理分布特征进行分析，从得到的地理分布图中可直观地识别出山西省重点保护野生植物的地理分布特征。在我国，许多山地既是生物多样性极其丰富的地区，也是许多濒危物种的"避难所"。因此，在进行生物多样性地理分布以及保护相关研究时，除水平分布特征以外，对物种的垂直分布格局也需予以重视。

5.4.2 生物多样性地理分布格局的尺度效应

生态学中普遍存在尺度效应,不同的生态现象发生在不同尺度上。生物多样性的地理分布格局也依赖于尺度,山西省重点保护野生植物在不同尺度的地理分布格局不尽相同。山西省境内分布的 57 种重点保护野生植物,通过地区尺度和县级尺度的地理分布格局得出,山西省重点保护野生植物集中分布在山西省的南部地区;而通过网格单元尺度的地理分布格局得出,山西省重点保护野生植物零散分布在全省范围内的一些局部区域以及省界上。这种离散的、孤立的分布格局大大加速了物种减少和灭绝的进度,而且在省界和市界的分布更不利于实施物种的保护策略。

由于数据资料的限制,本章采用的最大空间精度为 10 km×10 km 的网格单元,并通过不同尺度的地理分布格局分析,总体上反映出山西省重点保护野生植物的地理分布特征。今后应展开更精确的物种普查工作,重视标本采集工作的开展,实施定期的动态监测,并结合区域内社会经济发展状况,提出更为有效的山西省重点保护野生植物保护建议。这对指导生物多样性保护工作、监测生物多样性的动态变化具有重要作用。

5.4.3 生物多样性关键地区的筛选

在识别生物多样性热点地区时,物种丰富度是一个地区生物多样性优先性的重要指标。本章通过对山西省重点保护野生植物的地理分布研究,识别出丰富度最高的 14 个分布县。将 14 个分布县进行物种累积,发现物种累积曲线呈现先上升、趋于平缓后又上升的特点,累积速率呈现先快、趋于平缓后又加快的特点。物种丰富度排前 4 位的阳城县、垣曲县、夏县和沁水县的物种丰富度最高,累积贡献率也最大,被定义为山西省重点保护野生植物的关键地区;随后累积的丰富度较高的 8 个分布县的累积贡献率较低;直到累积丰富度第 13 位的宁武县,累积物种曲线又有所上升,该县地处山西省中部,虽然丰富度不高,但其因具有较高的物种互补性,使得保护贡献率较大。因此,在进行生物多样性保护的关键地区筛选时,不能仅简单地考虑物种丰富度这一个评价指标,物种丰富度较高的地区不一定保护贡献率大、优先性高,还需要考虑其他因素的作用,如包含物种的区域的特有性、互补性、稀有性以及不可替代性等特征。

5.5 结论

大尺度上的生物多样性地理分布格局研究是生物多样性保护的重要途径。本章基于物种地理分布数据库建设和 GIS 技术的支持,对山西省重点保护野生植物的水平和垂直地理分布格局进行了研究。结果表明：①通过地区尺度和县级尺度的水平地理分布格局得出，山西省重点保护野生植物集中分布在山西省南部地区，其中以阳城县、垣曲县、夏县及沁水县的物种丰富度最高，共有代表物种 42 个，占总物种数的 73.68%，被定义为山西省重点保护野生植物保护的关键地区；②通过 10 km×10 km 网格单元尺度的水平地理分布格局得出，山西省重点保护野生植物在全省境内零散分布，分布地大多位于省界或市（县）的交界处，尤其在历山、阳城蟒河一带最为丰富；③山西省重点保护野生植物的垂直分布集中在海拔 600~1 800 m 的低山和中山范围内，海拔梯度呈现单峰规律；④通过不同尺度的地理分布格局比较可以得出，达到足够精度的物种分布数据对于大尺度的生物多样性地理分布格局研究是非常必要的，可以为物种地理分布格局的研究以及进一步进行生物多样性优先保护规划提供极其重要的数据支撑。

第6章 山西省重点保护野生植物的就地保护现状①

由于人口膨胀、经济发展、环境污染以及人类对植物资源的过度利用，野生植物资源日益锐减，甚至濒临枯竭[86]。珍稀濒危野生植物面临严重的威胁，其保护的主要途径有就地保护和迁地保护，其中就地保护是建立各类自然保护地来保护物种及其生境，是生物多样性保护最为直接和有效的方法和手段[87]。但是，现有自然保护区对生物多样性的保护效率到底如何？近年来，有关就地保护有效性的评价及其评价方法的探讨受到了保护生物学家们的广泛关注[88-90]，并在全球尺度[91,92]及区域尺度[93,94]上进行了大量相关实践研究。在我国，学者们在自然保护区建设和就地保护的有效性评价方面已经开展了一系列研究工作[95-98]。大量研究证明，开展重要保护物种的科学考察研究，评价其就地保护现状，对区域内实施科学合理的自然保护区保护与管理具有重要的指导意义[99]。

山西省自1980年建立第一个自然保护区以来，截至目前共建立了自然保护区46个，其中包括国家级自然保护区6个、省级自然保护区40个[100]（见附录4）。但是，现有的自然保护区网络对山西省重点保护野生植物的就地保护效率如何？一些重要的植物资源是否得到有效保护？这些问题对山西省自然保护区的建设非常重要。因此，本章以山西省重点保护野生植物为对象，对其在自然保护区内的就地保护现状进行评价，进而鉴别出目前未受到有效保护的保护对象以及保护空缺地区，在此基础上提出优化自然保护区网络的规划建议，以期为山西省野生植物的就地保护以及自然保护区的合理空间规划提供科学参考。

6.1 数据与方法

6.1.1 就地保护现状分析

本章以山西省重点保护野生植物为保护对象，开展就地保护现状分析。利用文献资料和野外调查相结合的方法，确定保护对象在山西省自然保护区内的分布现状。

---

① 张殷波，张晓龙，苑虎. 山西省重点保护野生植物就地保护现状. 生物多样性，2014，22（2）：167-173.

（1）尽可能地收集各类有关自然保护区内物种名录的资料，包括文献资料[101,102]、自然保护区科考报告集[103]、自然保护区总体规划等，以及一些相关但未公开发行的内部资料，从中提取山西省重点保护野生植物的分布信息。通过收集和整理，作者共获得 28 个自然保护区内重点保护野生植物的分布记录，其中包括 6 个国家级自然保护区和 22 个省级自然保护区。

（2）在以上资料调查的基础上，选取 11 个重要自然保护区进行野外实地调查，分别是阳城蟒河猕猴自然保护区、历山自然保护区、五鹿山自然保护区、庞泉沟自然保护区、黑茶山自然保护区和芦芽山自然保护区 6 个国家级自然保护区，以及太宽河自然保护区、薛公岭自然保护区、五台山自然保护区、繁峙臭冷杉自然保护区和壶流河湿地自然保护区 5 个省级自然保护区。

（3）结合资料调查和野外实地调查数据，最终建立山西省重点保护野生植物在自然保护区内的分布数据库，记录了保护对象在各个自然保护区内是否有分布，有分布为 1，没有分布为 0。以此为依据，确定重点保护野生植物的就地保护现状，包括各个市分布的保护对象在该市自然保护区的分布情况、每一个保护对象分布的自然保护区数量。

（4）在此基础上，进一步筛选出未受到就地保护的重点保护野生植物，即未在自然保护区内分布的重点保护野生植物。将这些未受到就地保护的保护对象的分布绘制成地理分布图，并与山西省自然保护区分布图[100]进行空间叠加，从而鉴别出保护空缺地区。

6.1.2　自然保护区的保护贡献率评价

本章从山西省重点保护野生植物保护的角度出发，设计了一种累计筛选法评价自然保护区的保护贡献率。

该方法首先设置"保护物种最多""互补性最高""保护区面积最小"3 个筛选原则。依据筛选原则，在现有自然保护区网络中鉴别出保护贡献率最高且补充贡献率最高的自然保护区，以此来评价各个自然保护区对山西省重点保护野生植物保护的贡献率大小。具体步骤如下：

（1）将自然保护区按照包含山西省重点保护野生植物的数量从多到少进行排序，然后选定包含保护物种数最多、所占面积最小的自然保护区作为保护贡献率排序第 1 位的自然保护区。同时，假定该自然保护区所包含的所有重点保护野生植物已得到有效就地保护，因此将它们从总的《山西省重点保护野生植物名录》中剔除。

（2）将其余未选定的自然保护区按照包含剩余重点保护野生植物的数量再次从多到少进行排序，并选定此时包含保护对象数量最多、所占面积最小的自然保护区作为保护贡献率排序第 2 位的自然保护区。同时，和步骤（1）相同，再次将此时选定的自然保护区内所包含的重点保护野生植物从《山西省重点保护野生植物名录》中剔除。

（3）重复以上步骤，直至所有保护对象都从重点保护野生植物名录中被剔除后，即所有重点保护野生植物都被选定的自然保护区得到就地保护。最终筛选得到的自然保护区排序，就是对山西省重点保护野生植物保护贡献率最高，以及补充贡献率也最高的自然保护区位序，即自然保护区的保护贡献率排序。

6.2　山西省重点保护野生植物的就地保护现状

6.2.1　各个市自然保护区的就地保护现状

山西省重点保护野生植物零散分布于山西省全省境内（图 6.1）。其中，山西最南端的晋城市和运城市分布的重点保护野生植物种类最多，分别为 41 种和 40 种，占保护植物总数（57 种）的 72%和 70%；其次是临汾市（23 种）、忻州市（15 种）、阳泉市（12 种）、晋中市（12 种）和吕梁市（10 种），分别占重点保护野生植物总数的 40%、26%、21%和 18%；而长治市（8 种）、大同市（8 种）、太原市（7 种）和朔州市（2 种）分布的重点保护野生植物种类最少，分别占重点保护野生植物总数的 14%、14%、12%和 4%。

从图 6.1 中还可以看出各个市的重点保护野生植物的就地保护现状。总体来看，各个市的自然保护区的就地保护率均达到 50%以上，山西省重点保护野生植物受到较全面的就地保护。但各市重点保护野生植物的就地保护现状差异明显，保护效率也相差较大。其中，阳泉市（12 种）和太原市（7 种）分布的所有重点保护野生植物均已在自然保护区内得到就地保护，自然保护区的保护效率最大；晋城市和运城市分别有 29 种和 37 种重点保护野生植物分布于自然保护区内，分别占各市重点保护野生植物总数的 71%和 93%。

6.2.2　山西省重点保护野生植物分布的自然保护区数量

山西省重点保护野生植物中共有 49 种分布于所选的 28 个自然保护区内，就地保护率达到 86%。其中，有 45 种重点保护野生植物分布于国家级自然保护区内。总体来说，山西省重点保护野生植物受到较全面的就地保护。

进一步统计山西省重点保护野生植物在各个自然保护区的分布数量（表 6.1），得出以下结论：

（1）分布于 8 个以上自然保护区的重点保护野生植物共有 5 种，包括国家Ⅱ级保护植物野大豆及 4 种省级保护植物流苏树、文冠果、党参和桔梗。

（2）分布于 5～8（含）个自然保护区的重点保护野生植物共有 16 种，包括国家Ⅱ级保护植物紫椴和 15 种省级保护植物。

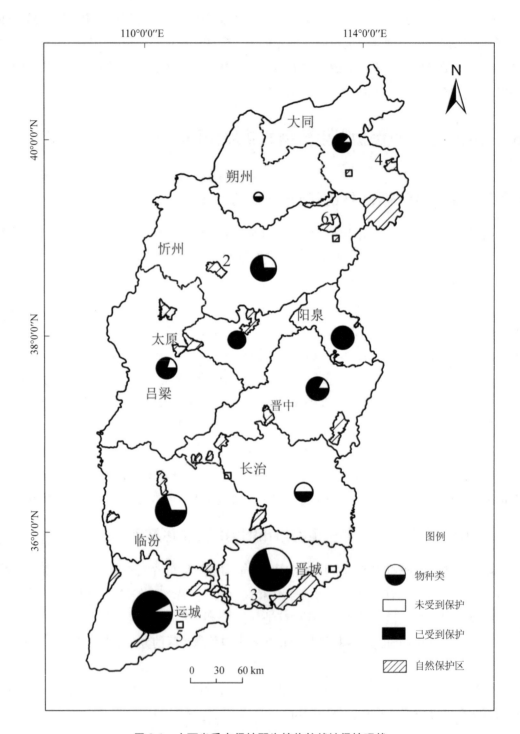

图6.1　山西省重点保护野生植物的就地保护现状

注：1.历山国家级自然保护区；2.芦芽山国家级自然保护区；3.阳城蟒河猕猴国家级自然保护区；4.壶流河湿地省级自然保护区；5.太宽河省级自然保护区；6.繁峙臭冷杉省级自然保护区。

表 6.1　山西省重点保护野生植物分布的自然保护区数量统计

分布自然保护区数量	物种名称
1	臭冷杉、山櫤、血皮槭、山桐子、红豆杉
2	连香树、冬瓜杨、匙叶栎、泡花树、暖木、狗枣猕猴桃、四照花、迎红杜鹃
3	南方红豆杉、翅果油树、铁木、领春木、楔裂美花草、野茉莉、芬芳安息香
4	水曲柳、异叶榕、宁武乌头、山西乌头、山胡椒、木姜子、山白树、软枣猕猴桃
5	木贼麻黄、青檀、竹叶花椒、膀胱果、刺楸、角柱花、老鸹铃、络石、蝟实
6	脱皮榆、省沽油、山茱萸
7	红景天、窄叶紫珠
8	紫椴、漆树
>8	野大豆、流苏树、文冠果、党参、桔梗

（3）分布于 2～4（含）个自然保护区的重点保护野生植物共有 23 种，包括国家 I 级保护植物南方红豆杉和 3 种国家 II 级保护植物连香树、翅果油树和水曲柳，以及 19 种省级保护植物。

（4）仅分布于 1 个自然保护区的重点保护野生植物共有 5 种，包括国家 I 级保护植物红豆杉和 4 种省级保护植物。

6.2.3　未受到就地保护的山西省重点保护野生植物

本章筛选后发现目前仍有 5 种山西省重点保护野生植物未分布于自然保护区内，即未受到有效的就地保护，分别是沙芦草、堇花槐、窄叶槐、锦带花和细裂槭。其中，沙芦草为国家 II 级保护植物；堇花槐和窄叶槐为山西特有的省级重点保护野生植物，在《中国物种红色名录》中已经被认定为"极危"等级[48]。

这 5 个未受到就地保护的山西省重点保护野生植物的地理分布见图 6.2。从图 6.2 中可以看出，锦带花仅在山西省五台县有零星分布，主要分布在五台山省级自然保护区的周边地区；堇花槐和窄叶槐分别仅在山西省新绛县和万荣县的某一地理位置有局域分布，更堪忧的是它们在野外仅以单株的形式存活；细裂槭仅在山西省吕梁市的某一林场有分布；沙芦草则散布于山西省大同市与朔州市的一些县（区）。

这 5 种保护植物的分布地区被定义为山西省重点保护野生植物的保护空缺地区。这些保护空缺地区的鉴别可以为山西省野生植物的就地保护工作以及山西省自然保护区的进一步合理规划提供重要依据。

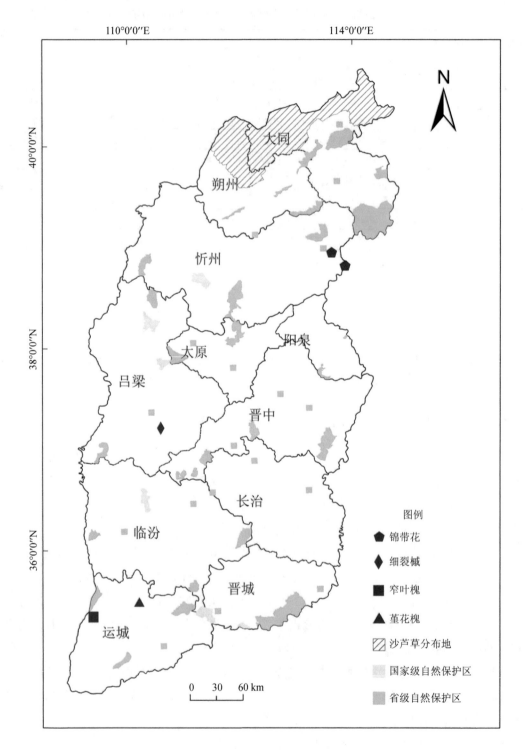

图6.2 未受到自然保护区保护的山西省重点保护野生植物的地理分布

6.3　山西省自然保护区的保护贡献率

按照累计筛选法得到的自然保护区的保护贡献率位序见图6.3。

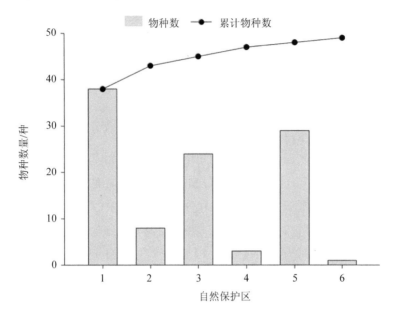

图 6.3　山西省自然保护区的累计保护贡献趋势

注：1.历山国家级自然保护区；2.芦芽山国家级自然保护区；3.阳城蟒河猕猴国家级自然保护区；4.壶流河湿地省级自然保护区；5.太宽河省级自然保护区；6.繁峙臭冷杉省级自然保护区。

28 个自然保护区中首先筛选出保护贡献率最高的是历山国家级自然保护区，保护山西省重点保护野生植物 38 种，占总物种数的 67%；其次，筛选出补充保护贡献率最高的是芦芽山国家级自然保护区，补充重点保护野生植物 5 种，累计保护物种数为 43 种，累计保护贡献率达到 75%；最后，依次筛选出阳城蟒河猕猴国家级自然保护区、壶流河湿地省级自然保护区、太宽河省级自然保护区和繁峙臭冷杉省级自然保护区，这 4 个自然保护区共补充重点保护野生植物 6 种，累计保护物种数为 49 种，累计保护贡献率达到 86%。

因此，通过累计筛选法共得到 6 个保护贡献率最高且补充贡献率最高的自然保护区，它们的排序分别是历山国家级自然保护区、芦芽山国家级自然保护区、阳城蟒河猕猴国家级自然保护区、壶流河湿地省级自然保护区、太宽河省级自然保护区、繁峙臭冷杉省级自然保护区。

这 6 个自然保护区的总面积占山西省自然保护区总面积的 9.7%，累计保护贡献率达到

86%。其中前 3 位均为国家级自然保护区，其面积仅为山西省自然保护区总面积的 4.49%，累计保护贡献率达到了 78%。6 个自然保护区的地理位置见图 6.1 中数字所示。本章得出结论，筛选得到的 6 个自然保护区对山西省重点保护野生植物的保护贡献率最高，并且国家级自然保护区的保护贡献率明显高于省级自然保护区。

6.4　分析与讨论

6.4.1　研究中数据不足的问题

准确的种群数量与分布范围数据是生物多样性就地保护效率评价的基础。对于分布范围相对较小的少数种群来说，通过长期的野外监测来获得其较准确的分布范围和种群动态才有可行性，但对于大范围分布的种群来说，要确定准确的分布区则比较困难[104]。秦卫华等[105]认为，在通常情况下，濒危物种分布的自然保护区数量与其种群数量存在正相关关系，有记录分布的自然保护区数量越多，则说明就地保护程度越好。本章的数据获取和分析方法以文献资料为主，仅对个别物种进行了野外调查，没有逐一对研究对象的种群数量和分布面积进行详细的调查和分析。因此在进行就地保护效率的评价过程中，仅以重点保护野生植物在自然保护区内是否有分布为评价依据，对其就地保护现状进行了初步评价，并未对其种群数量、生长状况、生境情况等进行详细分析。今后希望通过更为全面的调查与监测工作，进一步完善山西省重点保护野生植物数据库，从而对山西省野生植物的地理分布、种群动态以及就地保护现状进行更为科学和深入的评价。

在进行就地保护效率的评估中，在 5 个以上自然保护区内实现就地保护的重点保护野生植物共有 21 种，占保护植物总数的 37%。然而，大部分重点保护野生植物分布范围极其狭窄，仅在少数几个自然保护区内实现就地保护。例如，红豆杉仅存于历山国家级自然保护区，山桐子仅分布于阳城蟒河猕猴国家级自然保护区的局部区域。因此，在自然保护区内必须加强基础研究工作，进行系统的本底资源调查，对自然保护区内重点保护野生植物的种群及分布进行长期的动态监测工作，实时掌握其种群动态变化，开展相关的种群、群落学特性研究等，切实保证自然保护区的就地保护成效。

6.4.2　保护空缺地区的保护建议

评估结果中 5 种目前未受到自然保护区就地保护的重点保护野生植物主要分布在 10 个县（区）。参照世界自然保护联盟（IUCN）关于自然保护地的分类模式[106,107]，结合这些保护植物的分布状况，可以考虑在这些保护空缺地区新建或者扩建保护区。具体建议如下。

①沙芦草散布于山西省北部的一些县（区），山西省是其分布的最南界，因此可以考虑在沙芦草分布地新建保护区、保护小区或保护示范点；②对于有些重点保护野生植物的保护空缺地区，如果其地理分布位置在现有自然保护区的毗邻区域，可考虑扩建现有自然保护区或调整自然保护区边界来提高其保护效率，如锦带花和细裂槭，分布点靠近五台山省级自然保护区、薛公岭省级自然保护区等；③对于分布范围十分狭窄且种群数量极少的物种（如堇花槐和窄叶槐）则可以考虑新建重点保护小区进行就地保护。

6.4.3　自然保护区的保护贡献率评价

建立自然保护区是生物多样性保护最直接和最有效的途径和方法，而评价这些自然保护区对于生物多样性的有效保护程度无疑是十分重要的[108,109]。用于评价自然保护区网络以及确定生物多样性优先保护区的方法有很多，根据保护对象的不同，大致可以分为基于物种保护[110,111]和基于生态系统或生境保护的方法[112]。陈雅涵等从植被类型、野生保护物种以及热点地区 3 个方面对我国截至 2007 年已建立的 2 047 个自然保护区进行了科学评价，并筛选得出保护优先性较高的前 21 个自然保护区[113]。为了达到最有效的保护效果，实现以最低的成本和最小的面积来保护尽可能多物种的保护目标，基于定量评价的方法来鉴别生物多样性保护优先地区将是最为科学和有效的方法。

近年来，山西省自然保护区建设在数量和面积上均有快速的增长，但自然保护区在选址和规划建设时缺乏对整个自然保护区网络的科学评估。本章采用累计筛选法筛选得出山西省重点保护野生植物保护中应优先关注的6个自然保护区。这6个自然保护区所累计保护的物种涵盖了28个自然保护区的全部保护物种。但是，该评价方法在运算过程中基于两个假设：一是不考虑每个物种的属性和种群特征差别；二是只要物种在一个自然保护区内存在就被认为已受到了有效的就地保护。因此该筛选方法在实际运用时仍存在较大的局限性和不足。除此以外，在评价自然保护区优先性时，本章仅考虑了重点保护野生植物的物种分布数据，未能包含保护对象的生境信息以及山西省全部的野生植物。因此，在实际的自然保护区规划管理过程中，还需要进一步综合考虑拟建自然保护区的各类生态系统、特有物种、濒危物种以及社会经济等相关信息，从而实现生物多样性的全面有效保护。

6.5　结论

就地保护即建立自然保护区来保护物种及其所在生境，是生物多样性保护最为直接和有效的方法。开展重要物种的科学考察和研究，评价其就地保护现状，对区域内实施科学合理的保护与管理具有重要意义。本章基于文献资料和野外调查，分析了山西省重点保护野生植物的就地保护现状。结果显示：①山西省重点保护野生植物共 57 种，其中有 49 种分布在自然保护区内，就地保护率为 86%；②晋城、运城、临汾和阳泉 4 个市的自然保护区分布的重点保护野生植物种类最多，就地保护效率最高；③分布在 8 个以上自然保护区的重点保护野生植物共有 5 种，分布在 5～8（含）个自然保护区的重点保护野生植物共有 16 种，仅分布在 1 个自然保护区的重点保护野生植物共有 5 种；④采用累计筛选法共鉴别出 6 个保护贡献率最高且补充贡献率最高的自然保护区，分别是历山国家级自然保护区、芦芽山国家级自然保护区、阳城蟒河猕猴国家级自然保护区、壶流河湿地省级自然保护区、太宽河省级自然保护区和繁峙臭冷杉省级自然保护区。总体来说，山西省重点保护野生植物受到较全面的就地保护，但仍存在一些保护空缺地区，这些保护空缺地的鉴别将为山西省自然保护区的空间规划提供科学参考。

第7章　山西省重点保护野生植物的优先保护研究^①

生物多样性保护已经引起了世界各国的高度重视。然而，地球上生物多样性本身的地理分布不均匀且受威胁程度不同，加之生物多样性保护工作还会受到有限的资金、时间和可供用地等诸多因素的限制。因此，为了解决这些矛盾与冲突，人们认为集中力量优先保护一些更为重要的生物多样性关键地区可能是更为现实、有效的保护途径。目前，生物多样性优先保护研究受到学者和政府管理部门的高度重视，成为保护生物学研究的焦点问题之一[114,115]，并且涌现出许多用于大尺度生物多样性优先保护的方法和理论[116,117]。

生物多样性热点地区（biodiversity hotspots）是其中一种运用最多、最简便的生物多样性优先保护方法[118-120]。1988 年，Myers 在分析热带雨林受威胁程度的基础上，首次提出了"热点地区"，这个概念是指物种多样性和特有种特别丰富，并且受威胁程度较高的集中分布区域。这种识别生物多样性热点地区的优先保护方法对于生物多样性保护策略的制定和保护区布局的优化具有重要的参考价值，受到生物多样性保护领域的高度重视[121,122]。在全球尺度上，目前自然保护国际（Conservation International，CI）在基于 Myers 的研究方法和研究成果的基础上，进一步提出了全球 34 个生物多样性热点地区的全球生物多样性保护方案（https：//www.conservation.org/priorities/biodiversity-hotspots），旨在以最小的保护代价、最大限度地保护地球上现有的生物多样性。同时，许多学者们追随这一理论和方法，针对不同的生物类群（如维管束植物、脊椎动物、鸟类等），在不同的空间尺度上相继开展了大量相关研究工作，并应用于全球和国家水平上生物多样性保护工作和政策的实施[70,123-127]。

继生物多样性热点地区理论之后，相关学者们又提出了系统保护规划（System Conservation Planning，SCP）的生物多样性保护的理论框架，以用于识别代表物种数量最多、所需成本最低的优先保护区[128]。系统保护规划的理论和方法不仅考虑生物多样性的空间地理格局，还需考虑生物资源保护与社会和经济发展之间的冲突等问题，已经成为全球和国家层面上生物多样性优先保护的有效途径[129,130]。在较大空间尺度上依据系统保护规划理论

① Yinbo Zhang，Yingli Liu，Jingxuan Fu，et al. Bridging the "gap" in systematic conservation planning. Journal for Nature Conservation，2016，31：43-50.

来确定生物多样性优先保护区，还可以为进一步在区域尺度上的生物多样性优先调查和保护策略提供重要依据与指导[131,132]。然而，由于全球或区域尺度的与地区尺度的系统保护规划在空间分辨率上往往存在不一致性。因此，这项工作仍需要在小尺度上进行，这样才能获得更为翔实的生物多样性优先保护规划[133-136]。

保护空缺分析，即保护生物多样性的地理学方法（Geographic Approach to Protect Biological Diversity，GAP），是一种评价各种生物多样性要素在现有自然保护区网络中的保护程度和保护效率的方法。其核心是通过生物多样性地理分布与现有保护区网络的空间叠加分析，鉴别出具有重要保护价值的"保护空缺地区"，从而为进一步完善自然保护区网络体系提供新的方法框架。该方法首先由 Scott 于 1993 年提出[137]，现在已经在全球范围内[138,139]和许多国家得到广泛应用和执行[140-143]。当前，保护空缺分析被广泛用于评估现有自然保护区的有效性，对填补保护规划中的"空缺"具有重要的意义[138,144]。

在本章中，基于系统保护规划理论和高精度的物种地理分布数据库，对山西省重点保护野生植物进行优先保护研究，并结合已建立的自然保护区网络进行保护空缺分析，从而鉴别出山西省重点保护野生植物的优先保护地区和保护空缺地区。该研究结果以期为山西省植物资源的保护和自然保护区合理规划提供科学依据，为保护物种栖息地和满足就地保护的需要提供理论参考。

7.1　数据与方法

7.1.1　基础图层与数据的准备

本章所需的各种基础图层和数据具体包括山西省行政区划图、山西省土地利用图、山西省植被图等基础空间图层以及山西省重点保护野生植物的地理分布数据。山西省植被图采用了1∶1 000 000中国植被图（中国科学院中国植被图编辑委员会）；山西省土地利用图通过遥感图像解译获得；山西省重点保护野生植物的物种地理分布图采用第5章的10 km×10 km 网格单元的物种地理分布图（图5.5），详见5.2.3。

结合以上各种基础空间图层和数据的精度，最终确定了本章的规划单元的空间分辨率为10 km，即采用10 km×10 km 的空间网格作为山西省重点保护野生植物进行优先保护研究的规划单元底图。由此，山西省作为整个研究区域被划分为1 705个规划单元。

7.1.2　生物多样性优先保护的研究方法

7.1.2.1　优先保护地区筛选的基本流程

本章设计了一种基于系统保护规划理论的生物多样性优先保护地区选择算法，用于筛选山西省重点保护野生植物的优先保护地区，具体流程如图 7.1 所示。

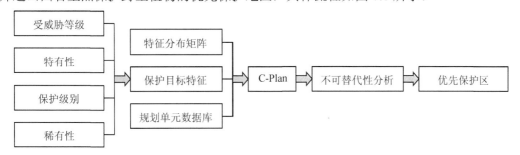

图 7.1　生物多样性优先保护区选择算法的流程

首先，准备系统保护规划所必需的 3 个相关属性特征表分别是规划单元图层、物种分布图层和保护目标图层所对应的属性特征表；其次，将它们分别导入系统保护规划软件中（C-Plan），通过运行软件进行不可替代性分析；最后，识别不可替代性值较大、不替代性级别较高的地区，作为生物多样性优先保护地区。

随着计算机技术和地理信息系统的发展，近年来，相关学者研发出许多专门用于生物多样性系统保护规划的专用软件，如 C-Plan、Sites、Spots、Maxran、Zonation 等。本章采用的系统保护规划软件为 C-Plan（http://www.edg.org.au/resources/free-tools/cplan.html）。C-Plan 由澳大利亚野生动物保护署和新威尔士州立公园于 1999 年研发成功，并首次在新威尔士州立公园投入使用[145]。该软件围绕着决策支持系统的概念来进行设计，将系统保护规划理论与地理信息系统结合起来，通过启发式算法对研究区域内生物多样性的特征及其保护目标进行复杂的数理统计分析，运行得出研究区域内每个规划单元的不可替代性值，实现预先设定的保护目标，达到用最少的规划单元保护尽可能多的对象，从而完成优先保护地区的识别工作[146,147]。

7.1.2.2　保护规划的输入项准备

在软件运行过程中，"特征分布矩阵""规划单元数据库""保护目标特征"是选择算法中导入 C-Plan 规划软件的 3 个必需的输入项。

（1）"特征分布矩阵"输入项，即基于已建立的物种地理分布数据库编制为 54 个物种×1 075 个网格单元（规划单元）的物种存在矩阵，矩阵中 0 表示物种在规划单元格中不存在，

1 表示物种在规划单元格中存在。"特征分布矩阵"输入项的文件名被命名为 matrix。

（2）"规划单元数据库"输入项，首先定义了 3 种规划单元的状态，分别是"已选定"状态——目前已建立为自然保护地；"可利用"状态——当前可用作保护地规划的保留区域，土地利用类型为森林、草地和湿地；"被排除"状态——人类活动所占据的区域，包括工业开采、城市建设和住宅。然后将 1 075 个规划单元的状态整理成数据库，"已选定"状态用"Selected"表示、"可利用"状态用"Available"表示、"被排除"状态用"Excluded"表示。"规划单元数据库"输入项的文件名被命名为 sites。

（3）"保护目标特征"输入项，即设定一个保护对象分布面积的多少被保护起来，是一个百分比的目标值。本章对于这一特征值，没有依据当前保护地面积的比例选定某一固定值作为保护目标值，而是设计了一个依据不同物种属性的变量，通过定量化计算得到目标值，即每一个物种都有各自不同的保护目标值。计算过程详见 7.1.2.3。"保护目标特征"输入项的文件名被命名为 features。

7.1.2.3　保护对象的保护目标确定

确定保护目标是系统保护规划中十分重要的环节和过程[128,148]。本章设计了一种基于物种属性的保护目标指数计算方法来确定不同保护对象的保护目标。所依据的保护对象的基本属性包括受威胁状态（$I_{threatened}$）、特有性（$I_{endemic}$）、保护级别（$I_{protective}$）和稀有性（I_{rarity}）4 个物种属性特征。

受威胁等级分为极危、濒危和易危 3 个级别；特有性分为中国特有、山西特有和非特有物种 3 种类型；保护级别包括国家 I 级保护、国家 II 级保护和省级保护 3 个级别；稀有性根据物种分布面积范围的大小划分为 4 个级别，具体见表 7.1。

依据这 4 个物种属性建立了一个标准化的保护目标特征指数（$T_{species}$），即

$$T_{species} = (I_{threatened} + I_{protective} + I_{endemic} + I_{rarity}) \div 4 \times 100\% \qquad (7.1)$$

表 7.1　山西省重点保护野生植物保护目标的标准化指数

物种属性	标准化指数			
受威胁状态（$I_{threatened}$）	极危（CR）	濒危（EN）	易危（VU）	
	1	0.6	0.3	
特有性（$I_{endemic}$）	山西特有	中国特有	非特有	
	1	0.6	0	
保护级别（$I_{protective}$）	国家 I 级保护	国家 II 级保护	省级保护	
	1	0.8	0.6	
稀有性（I_{rarity}）	<1 000 km²	1 000～2 000 km²	2 000～4 000 km²	>4 000 km²
	1	0.8	0.4	0.1

7.1.2.4　不可替代性指数的计算

不可替代性（irreplaceability）是衡量某一规划单元在实现研究区域整体保护目标所起到的作用的定量指标。系统保护规划软件通过选择满足预定保护目标的规划单元组合，最终实现以最少的规划单元来实现最大的保护目标。各个规划单元的不可替代性指数（IR）值则作为最后的输出结果。不可替代性指数的取值范围为[0，1]，IR 值越高代表所筛选出的规划单元的优先级别越高、保护重要性越大。同时，不可替代性指数与其他反映生物多样性优先区的指标不同，它是一个综合性指标，综合反映规划单元在实现整体保护目标中发挥的重要性[149,150]。

本章将"特征分布矩阵""规划单元数据库""保护目标特征"3 个输入项导入 C-Plan 软件的数据编辑器，生成数据库后，计算出各个规划单元的不可替代性值。软件将不可替代性值默认划分为 7 个等级，分别是 Ir_1（$IR=1$）、001（$0.8 < IR < 1$）、002（$0.6 < IR < 0.8$）、003（$0.4 < IR < 0.6$）、004（$0.2 < IR < 0.4$）、005（$0 < IR < 0.2$）、0Co（$IR=0$）。最后，将系统保护规划软件与 ArcGIS 软件进行连接，运算结果可在 GIS 中直观显示出各个规划单元的不可替代性等级分布图。

7.1.2.5　生物多样性优先保护区的确定

不可替代性分析的结果中，不可替代性值越高的规划单元其保护价值越大、优先次序选择越优先。本章基于不可替代性值，并结合保护规划单元的数量和所占的面积比例，将不可替代性等级筛选到的规划单元进行排序，然后将等级从高到低进行保护对象的物种累积，直到达到预定的保护目标，不需要再考虑其他不可替代性等级规划单元的保护贡献，以此作为山西省重点保护野生植物优先保护地区筛选的条件。此时累积的不可替代性等级所在的规划单元被定义为山西省重点保护野生植物的优先保护区。这些筛选到的生物多样性优先保护地区可以用最小的保护代价实现最大的保护目标。

7.1.3　保护空缺分析

首先利用 ArcGIS 软件对山西省现有的 46 个自然保护区进行数字化，绘制出山西省自然保护区分布图（图 7.2）。截至 2017 年，山西省自然保护区总面积为 11.16 万 km^2，占全省面积的 7.4%。其中国家级自然保护区 6 个，总面积为 1 070 km^2；省级自然保护区 40 个，总面积为 1.06 万 km^2。其次将筛选到的优先保护地区与现有自然保护区分布进行空间叠加分析，从而识别出当前优先保护地区的保护空缺区域。

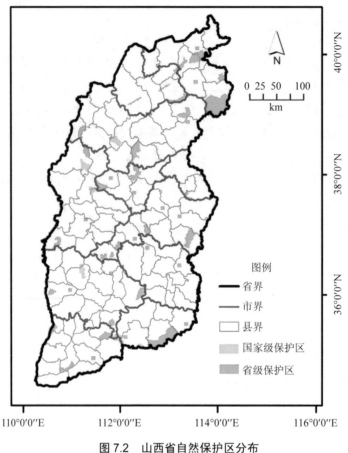

图 7.2 山西省自然保护区分布

为了提高保护规划的保护效率，本章不是采用将重点保护植物地理分布图与自然保护区分布图进行空间叠加的传统保护空缺分析方法，而是采用在基于系统保护规划软件识别出优先保护地区后再进行保护空缺分析的方法。将筛选到的优先保护地区与现有自然保护区分布进行空间叠加分析，从而识别出当前优先保护地区的保护空缺区域。

7.2 山西省重点保护野生植物的优先保护地区

7.2.1 不可替代性分析结果

基于 C-Plan 系统保护规划软件得到山西省重点保护野生植物优先保护规划的不可替代性值分析结果，见表 7.2。

表 7.2　不可替代性等级的累积保护物种数和累积面积

不可替代性等级	不可替代性值	累积保护物种数/n	保护效率/%	面积比例/%	累积面积比例/%
Ir_1	$IR=1$	42	78	0.56	0.56
001	$0.8 < IR < 1$	54	100	4.35	4.91
002	$0.6 < IR \leq 0.8$	54	100	2.91	7.82
003	$0.4 < IR \leq 0.6$	54	100	2.26	10.08
004	$0.2 < IR \leq 0.4$	54	100	1.75	11.83
005	$0 < IR \leq 0.2$	54	100	2.06	13.89
0Co	$IR = 0$	54	100	86.11	100

首先筛选出不可替代性等级为第1级别 IR_1（$IR=1$）的规划单元，共代表了42个山西省重点保护野生植物，占总物种数的78%；进一步将不可替代性等级为前2个级别 IR_1 和001（$0.8 < IR \leq 1$）的规划单元进行物种累积，共代表了54个山西省重点保护野生植物，占总物种数的100%。其中3个物种因地理分布不详，没有进行优先保护分析。统计 IR_1 和001这2个不可替代性等级筛选得到的规划单元的面积，其累积面积仅占全省总面积的4.91%。因此，认为前2个不可替代性等级的规划单元已经达到了本章设定的保护目标。

7.2.2　不可替代性等级分布图

将不可替代性分析结果导入 ArcGIS 中，绘制成山西省重点保护野生植物优先保护规划的不可替代性等级分布图（图7.3）。采用不同的颜色代表不同的不可替代性等级，颜色越深，不可替代性等级越高。

从图 7.3 中可以看出，前 3 个不可替代性等级（红色表示）所在的规划单元零散分布在山西省全省范围内的局部区域。将这些不可替代性值较高的区域与山西省重点保护野生植物的网格单元地理分布图（图 5.5）进行比较，发现两者在空间上仍存在一些明显的区别。山西省重点保护野生植物保护规划的不可替代性等级分布图显示的是筛选得到的网格单元组合，这些空间单元的组合共同达到了设定的保护目标。因此，筛选得到的这些优先保护地区，既有物种丰富度较高的区域，这些区域同网格单元地理分布图相一致，如山西省东南部晋城市与河南省交界处的一些区域；同时还筛选出一些物种丰富度较低但物种互补性较高的区域，这些区域即两种筛选方法结果不一致的区域，如忻州市的芦芽山、五台山，大同市的灵丘和天镇等地。这些区域虽然物种分布度不高，但因物种互补性较高，不可替代性值就较高，因此这些地区同样可以被系统保护规划筛选出来，具有较高的保护优先性和重要的保护意义。

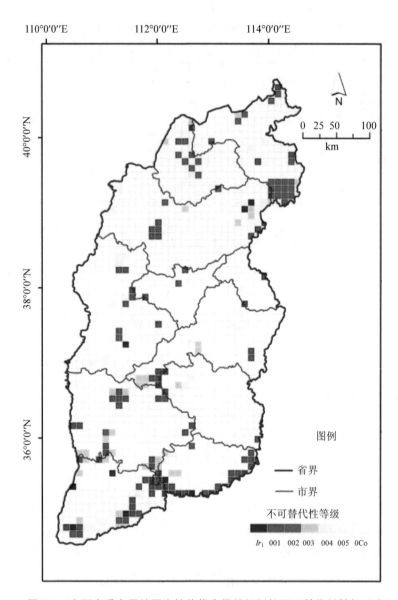

图 7.3　山西省重点保护野生植物优先保护规划的不可替代性等级分布

7.2.3　山西省重点保护野生植物的优先保护地区

基于山西省重点保护野生植物的不可替代性等级分析结果，得到不可替代性的前 2 个等级已经达到了预定的保护目标，因此最终定义前 2 个不可替代性等级 IR_1 和 001（$0.8 < IR \leqslant 1$）所在的规划单元为山西重点保护野生植物的优先保护地区。

将前 2 个不可替代性等级的规划单元提取出来后绘制出山西省重点保护野生植物的优先保护地区分布图（图 7.4）。从图 7.4 中可以看出，山西省共有 17 个重点保护野生植物的优先保护地区，分别是：①中条山东段；②中条山东段及太行山南段；③运城湿地；④吕梁山南段；⑤太岳山南段；⑥管头山；⑦五鹿山；⑧太岳山中段；⑨太行山中段；⑩薛公岭山；⑪庞泉沟保护区；⑫黑茶山；⑬芦芽山；⑭药林寺—冠山；⑮五台山；⑯壶流河湿地；⑰山西省北部沙地。

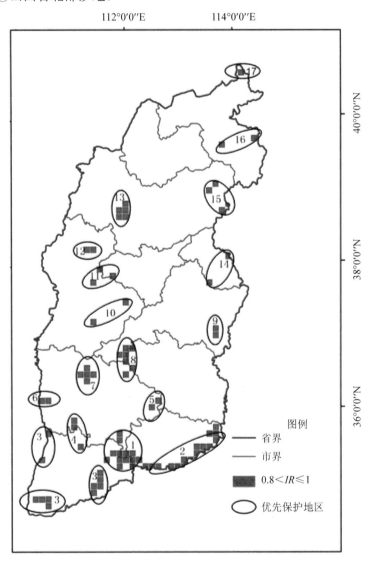

图 7.4   基于系统保护规划的山西省重点保护野生植物优先保护地区

注：1. 中条山东段；2. 中条山东段及太行山南段；3. 运城湿地；4. 吕梁山南段；5. 太岳山南段；6. 管头山；7. 五鹿山；8. 太岳山中段；9. 太行山中段；10. 薛公岭山；11. 庞泉沟自然保护区；12. 黑茶山；13. 芦芽山；14. 药林寺—冠山；15. 五台山；16. 壶流河湿地；17. 山西省北部沙地。

这 17 个优先保护地区的具体介绍如下：

（1）中条山东段。该地区位于山西省南部，地处运城市垣曲县、晋城市阳城县、临汾市翼城县等地的毗邻区域。该区域系中低山石质山地、峰峦叠嶂，地质和岩石组成情况复杂。地貌以陡峻的高山和较平缓的低山丘陵为主，也有剥蚀堆积的地形。该区域属温带季风型大陆性气候，是东南亚季风的边缘，区域内一年四季分明、降雨丰富、物种资源丰富，森林生态系统完整。

（2）中条山东段及太行山南段。该地区位于山西省东南部的晋城市泽州县东南部与河南省交界处，泽州县东南部是太行山与中条山的交会地带。该区域以中山区、低中山区和丘陵区为主。地貌多以陡岩、急坡、深沟、丘陵为主，地形起伏，水蚀、风蚀明显。该区域属暖温带大陆性气候，一年四季分明。土壤类型以草灌褐土为主，土壤质地以砂土、沙壤为主。区域内河流纵横，森林覆盖率较高，并保存有生态价值较高的天然次生林。

（3）运城湿地。该地区位于山西省南部运城市黄河东岸，包括运城市河津市、芮城县、平陆县和夏县 4 个县（市）。该区域地貌类型为黄河河漫滩及一级阶地，地形平坦，近黄河坝的滩地多数积水，形成沼泽地。此地区属暖温带大陆性半干旱季风气候，常年多风且冬夏风向更替明显。该区域拥有优越的自然环境和大面积湿地，为野生动植物生存创造了有利条件，是山西省生物多样性最丰富的区域之一，并显示出南北植物区系汇合的过渡性及湿地植物的隐域性特点。

（4）吕梁山南段。该地区位于吕梁山南段的云丘山，地处吕梁山与汾渭地堑交会处，包括山西省临汾市乡宁县关王庙乡和运城市稷山县西社镇。境内海拔最高为 1 577 m，分布有特殊的喀斯特地貌和石山森林环境，沟谷纵横、奇峰异景。气候属暖温带亚干旱气候区，四季分明，年平均气温在 10℃左右。该区域森林覆盖率高达 89%，植物资源丰富，分布着各类珍稀古树和药材，也是国家Ⅱ级保护植物翅果油树的主要分布地。

（5）太岳山南段。该地区位于太岳山东南麓，地处山西省临汾市的安泽县境内。区域地形复杂，地质构造属低土石山区，境内山峦起伏、沟壑纵横、丘陵发育、深谷遍布，为典型的黄土高原特征。气候属暖温带大陆性气候，平均气温为 9.3℃。森林发育良好，植物资源丰富。区域内已建成山西省红泥寺省级自然保护区，主要保护对象为以落叶阔叶林和针阔混交林为主的森林生态系统。

（6）管头山。该地区位于吕梁山南段，地处山西省临汾市黄河东岸的吉县，西南距离著名的黄河壶口瀑布约 20 km，西距黄河约 5 km，北接人祖山。该区域地质属太古代，母岩为花岗岩、沙石岩，境内地貌复杂，以大起伏剥蚀高中山为主，沟谷区域中起伏覆盖高山。气候属于温带大陆性季风气候，年降水量为 500 mm，春天多干旱。境内物种丰富多样，拥有维管束植物 630 余种，并有国家重点保护动物金钱豹（*Panthera pardus*）、褐马鸡（*Crossoptilon mantchuricum*）、金雕（*Aquila chrysaetos*）等在此栖息。

（7）五鹿山。该地区位于吕梁山脉的南端，地处山西省临汾市蒲县与隰县交界处，吕梁山脉主脊线纵穿全境。区内地形多变，土壤呈明显的垂直分布，在区内自上而下土壤类型为棕壤、褐土、草甸土、山地草甸土。气候属于温带大陆性季风气候区，受海拔、地形和森林等多种因素的影响，气温偏低，且变幅较大，空气湿度较大，形成典型的山地气候，夏季炎热多雨，多为东南风，冬季寒冷盛行西北风。该区域植被类型具有明显的过渡性并以天然次生林和人工林为主，其中油松林、白皮松林、辽东栎林和华北地区落叶松林所占面积较大，是国家重点保护动物褐马鸡的主要栖息地。

（8）太岳山中段。该地区位于太岳山西麓，汾河之畔，地处山西省长治、临汾、晋中 3 市交界处。境内分布有灵空山国家级自然保护区和石膏山风景名胜区。气候属温带大陆性气候，地形起伏多变，沟谷切割较深，群山叠嶂。该区域是典型的暖温带落叶阔叶林带的黄土高原山地丘陵松林区。

（9）太行山中段。该地区位于山西省东部边缘，太行山山脊中段，清漳河中游。区域内地形高低起伏较大、群山环拱，其主要特征是石厚土薄、山高坡陡。土壤由山势自高向低分别为山地草原草甸土、淋溶褐土、山地褐土。该地区属于温带大陆性季风气候，年平均气温为 5～7℃，境内风向多为偏西风或西北风。

（10）薛公岭山。该地区位于吕梁山脉的主峰关帝山，地处山西省吕梁市离石区和中阳县境内。该地区地形起伏，以中山和丘陵为主，地貌以急坡、深沟、丘陵为主。区内有黄河的重要支流——三川河，气候属于温带大陆性气候。区域内已建立有山西薛公岭省级自然保护区，以国家重点保护动物褐马鸡、金钱豹、原麝（*Moschus moschiferus*）以及油松（*Pinus tabulaeformis*）为主的森林生态系统为保护对象。

（11）庞泉沟保护区。该地区位于吕梁山脉中段，地处山西省交城县西北部和方山县东北部交界处。境内地层属中太古界吕梁群，岩石由变质岩和以酸性岩、中酸性岩为主的岩浆岩构成。全境地貌属剥蚀强烈的大起伏中山，拥有吕梁山脉的最高峰孝文山。土壤有明显的垂直分布带，自上而下土壤分布类型为黄绵土、山地褐土、黄土质山地淋溶褐土、花岗片麻岩质山地棕壤、不饱和黑毡土。气候属暖温带大陆性季风气候，昼夜温差大、空气湿度偏高，形成典型的山地气候。境内降水量较大，植被茂盛，森林覆盖率高达 85%。庞泉沟自然保护区是山西省建立的第一个国家级自然保护区，主要保护对象是褐马鸡及其栖息地。

（12）黑茶山。该地区位于吕梁山山脉南北交会处，地处山西省吕梁市兴县东南部境内，最高峰海拔为 2 203.8 m，是典型的黄土高原丘陵沟壑和晋西北山地的过渡带。境内自然地理条件复杂、地层古老，由于受海拔、地形和森林等多种因素影响，区域内空气湿度相对较大，形成典型的山区小气候。该区域蕴藏了丰富的生物种质资源，主要植被有天然、次生和人工针阔叶混交林，草、灌植物群落类型丰富，植被分布自西向东构成了由温带草原区域向暖温带落叶阔叶林区域过渡的森林草原地带。境内已建立了黑茶山国家级自然保护区，以保护褐马鸡、金钱豹、原麝等为主的野生动、植物资源和天然油松、山杨（*Populus davidiana*）、白桦（*Betula platyphylla*）、辽东栎（*Quercus wutaishansea*）以及由其组成的以针阔叶混交林为主的森林生态系统。

（13）芦芽山。该地区位于吕梁山系北端，地处山西省忻州市宁武县境内。该区域内山体主要为太古代片麻状花岗岩，全区域地形复杂，沟壑纵横。此地为汾河发源地，水流较急。该区域属暖温带半湿润山区气候，气候垂直变化明显，年平均气温在4℃左右。该区域具有丰富的动植物资源，已建有芦芽山国家级自然保护区，是褐马鸡的原产地之一，也是云杉、华北落叶松天然次生林集中分布区域之一，因其独特的自然地理条件，孕育了丰富的动植物资源。

（14）药林寺—冠山。该地区位于山西省中段东侧，地处山西省阳泉市平定县境内，素有"晋东大门"之称。境内山势险峻、峰谷交错、森林茂密，平均海拔为1 100 m。气候属大陆性温带季风气候，年平均气温为10.5℃。境内生态系统保持良好，森林覆盖率为51%，主要由以油松、栎类植物为主的植被类型构成，已建有山西省药林寺—冠山省级自然保护区。区内有数十种药材，如秦艽、黄芪、党参、柴胡、黄连等。

（15）五台山。该地区处于黄土高原东缘，地处山西省忻州市五台县境内。区域内地貌从低到高依次为亚高山、高中山、河谷阶地、倾斜平原、石质山、低中山以及山麓丘陵。土壤类型呈明显的垂直分布，由低到高依次为石灰性褐土、褐土性土、淋溶褐土、（山地）棕壤、山地草甸土、亚高山草甸土。该地区气候属暖温带大陆性气候，光照充足、雨水较多，夏季短且凉爽，冬季长而严寒。植被类型由低到高依次为旱生灌木草本农垦带、夏绿阔叶林草灌带、常绿针叶林草甸带、山地五花草甸带、亚高山草甸带。目前已建成山西省五台山省级自然保护区，以亚高山草甸生态系统为保护对象。

（16）壶流河湿地。该地区属桑干河的一级支流，流域位于山西省大同市广灵县东南部。区域内广泛分布着各种湿地类型，孕育了丰富的生物多样性，南部月明山的悬崖峭壁为国家Ⅰ级重点保护野生动物——黑鹳（*Ciconia nigra*）提供了营巢和繁殖的良好环境。气候属温带半干旱大陆性季风气候，年平均气温为6.8℃。已建成山西省壶流河湿地省级自然保护区，主要保护对象为国家濒危动植物黑鹳、白尾海雕、大鸨、金钱豹、野大豆和流域湿地生态系统。

（17）山西省北部沙地。该地区位于山西省最北端，地处山西、河北、内蒙古3省（自治区）的交界处。平均海拔1 100 m以上，土壤为砂土和砂质壤土。气候为大陆性北温带干旱季风气候，四季分明，冬季偏长，常年平均气温为6℃。现已建成天镇边城国家沙漠公园，属京津风沙源治理工程区。该区域是山西省重点保护野生植物沙芦草的分布地。

7.3　山西省重点保护野生植物的保护空缺地区

本章将山西省重点保护野生植物的优先保护地区分布图与山西省自然保护区分布图进行空间叠加，得到山西省重点保护野生植物的保护空缺分布图（图 7.5）。

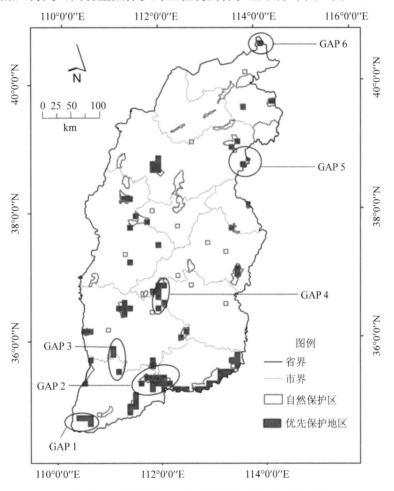

图 7.5　山西省重点保护野生植物的保护空缺地区

注：GAP 1——中条山南端；GAP 2——中条山中段；GAP 3——吕梁山南段；GAP 4——太岳山中段；GAP 5——太行山北段；GAP 6——山西省北部沙地。

从图 7.5 中可以看出，绝大多数的优先保护地区已被现有的自然保护区所覆盖，但是仍存在部分自然保护区与优先保护地区的空间分布不相匹配的现象，两者之间仍存在空间的不一致性。从图中可以明显地鉴别出 6 处山西省重点保护植物的保护空缺地区，它们分别是：

GAP 1，位于中条山南端，主要为运城湿地；

GAP 2，位于中条山中段，主要为涑水河、历山、崦山及阳城蟒河 4 处自然保护区之间的空缺处；

GAP 3，位于吕梁山南段，主要为临汾云丘山等地的翅果油树自然分布区；

GAP 4，位于太岳山中段，主要为长治、临汾及晋中 3 市的交界处；

GAP 5，位于太行山北段，主要为忻州五台县五台山境内锦带花分布区；

GAP 6，位于山西省北部沙地，主要为沙芦草在山西的主要分布地区，位于大同市与朔州市的交界处的苍头河附近。

从与自然保护区的空间关系上分析，这 6 个保护空缺地区可进一步分为以下 3 种空间分布形式：

（1）优先保护地区分布于现有自然保护区以外，包括 GAP 1、GAP 3 和 GAP 6 3 个保护空缺地区。

（2）优先保护地区仅被现有自然保护区的部分区域所覆盖，主要是 GAP 5 这 1 个保护空缺地区。

（3）优先保护地区被现有的多个且空间相分离的自然保护区所覆盖，包括 GAP 2 和 GAP 4 2 个保护空缺地区。

7.4 分析与讨论

7.4.1 数据资源的不足

在生物多样性优先保护研究中，数据的准确性和精确性对于探究大尺度生物多样性地理分布格局和实施优先保护规划至关重要[63,151]。为了提高当前生物多样性的保护效率，在精细分辨率下获得足够准确和精确的生物多样性物种分布数据是必要的前提工作[134]。虽然逐渐兴起的物种分布模型被认为是确定物种适宜范围和大尺度空间地理分布预测的有效方法[152]，然而它仍然无法运用于空间分辨率较高且分布记录较少的珍稀濒危物种的地理分布模拟中[153]。因此，本章通过高精度的物种分布记录来尽量满足系统保护规划的数据需要。

然而，该研究在数据方面仍存在一些不足之处。究其原因，首先对于研究对象本身，不同的植物分类学家、生态学家和保护生物学家都有各自的研究和采集偏好，因此造成了数据数量和质量的人为偏差。同样地，管理决策者和地方政府也会对一些具有经济价值的物种予以特殊关注，进行过度的物种普查工作。这些都可能造成对需要关注的保护对象产生取样偏差。其次，物种分布数据的来源不同，既包括来自县志的记录，也包括来自标本和野外调查的具体分布位置，不同的数据来源也可能会过高地估计物种的分布范围。最后，物种的分布数据不完全是基于实时、实地的调查获得，一些较早的历史数据资料会在很大程度上影响当前重点保护野生植物分布的分析。因此，对于山西省重点保护野生植物而言，需要更多基于实地调查和最新分布数据的研究工作来支持重点保护野生植物的保护规划工作[73,154]，同时物种分布模型也可以在未来的研究中尝试应用[155]。

7.4.2　优先保护地区与热点地区之间的比较

当前，在生物多样性保护领域，学者们提出了许多不同的优先保护的选择算法和评价指标，用以确定生物多样性保护的优先保护地区[117]。其中，生物多样性热点地区，即关注物种丰富度最多的地区，已被公认为是一种有效的全球生物多样性保护策略。为了得到更优化的生物多样性优先保护解决方案，本章对基于系统保护规划和基于热点地区分析两种方法得到的优先保护地区的保护效率进行了比较分析。

采用热点地区方法，首先统计各规划单元格内的物种丰富度，按照物种丰富度由高到低将规划单元格进行排序，然后将规划单元格内的物种进行累积，得到累积物种丰富度或称为累积保护效率（图 7.6）。结果显示，采用热点地区方法，当筛选得到的规划单元面积约占总面积的 14% 时，得到的优先保护地区可以代表全部的山西省重点保护野生植物。相比较，本章采用的系统保护规划方法得到的优先保护地区，仅仅筛选得到少于5% 的规划单元格面积就可以达到几乎相同的保护效率，即代表了全部山西省重点保护野生植物。因此，作者认为重点加强对基于系统保护规划得到的优先保护地区的保护，可以有效提高山西省重点保护野生植物的保护效率。

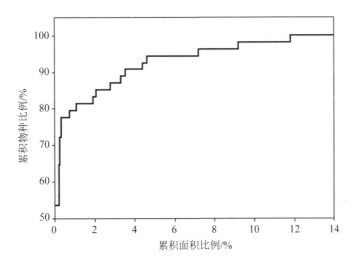

图 7.6　基于热点地区分析方法的累积保护效率

进一步分析其原因，主要是两者的筛选原则不同。热点地区侧重选择最大物种丰富度的规划单元，但是该方法并没有考虑物种的互补性，这可能会导致更多的规划单元被筛选确定为优先保护地区，并且使得所包含的物种有的可能过度保护，而其他未被涵盖的物种则保护不足。因此，选择不同的筛选算法来识别生物多样性优先保护地区，会导致不同的保护地空间设置和保护空间规划，从而实现不同的保护效率。本章结果证实了在进行自然保护地的空间规划中，系统保护规划方法是一种优于热点地区分析方法的保护规划方法，可以实现用最小的保护代价实现最大的保护效率的保护目标[156]。

7.4.3　优先保护地区与狭域物种分布的空间关系

许多山西省重点保护野生植物的种群数量较少，地理分布范围十分狭窄，为狭域分布的物种。这些狭域物种，由于各种内因和外因的影响，它们会有更高的灭绝风险[157,158]。那么，本章中确定的优先保护地区在多大程度上能代表其中狭域物种的空间分布？分析两者之间的空间关系可以评价优先保护地区对狭域分布物种的保护效率。

首先将分布面积小于 1 000 km^2 的物种视为狭域分布的山西重点保护野生植物，然后通过空间叠加狭域分布物种的空间分布和优先保护地区的地理分布，进一步分析它们之间空间格局的一致性（图 7.7）。结果正如所期望的那样，两者的空间一致性很高，研究确定的山西省重点保护野生植物优先保护地区可以代表大约 85% 的狭域分布植物的地理分布。

这一结果进一步证实了基于系统保护规划确定的优先保护地区能达到最大的保护效率，尤其能对狭域分布物种提供更多的优先保护关注。同时提出相应的保护建议，即在生物多样性优先保护规划中，对于保护对象的选择，可以适当优先考虑选择狭域分布物种作为保护对象进行保护空间规划。

7.4.4　保护目标的确定

在系统保护规划中，除保护对象的选择会直接影响规划结果以外，保护目标的确定也是非常重要的环节。在确定保护对象的保护目标特征时，传统的方法通常以全球或全国自然保护地的面积比例为参照，依据专家意见，同时考虑土地的经济成本，将不同物种类群的保护目标统一定义为一个固定值（如 15%，即以物种分布面积的 15% 为保护目标），而往往忽略不同类群之间的属性差异，这不可避免地导致保护规划的偏差[159,160]。本章采用了基于 4 个物种属性的保护目标指数来定量计算每一个保护对象的保护目标，它们分别是受威胁状态、特有性、保护级别和稀有性，目的是在确定优先保护地区的同时增加研究结果的科学性和合理性[161]。

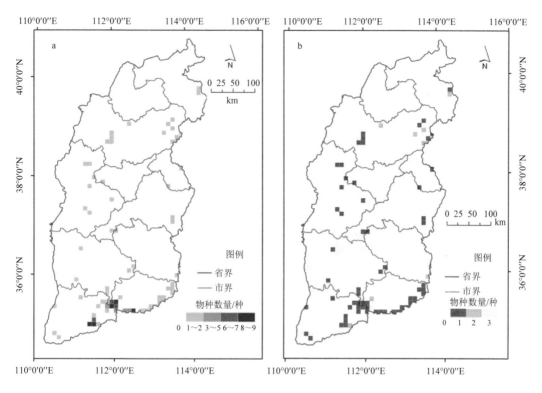

图 7.7　狭域分布植物的空间分布及其与优先保护地区的一致性比较

注：（a）狭域分布的山西省重点保护野生植物的空间分布；（b）优先保护地区和狭域分布植物的空间一致性。0 表示没有物种分布；1 表示两者都分布；2 表示只有狭域物种分布；3 表示只有优先保护地区分布。

7.4.5　基于优先保护地区的保护空缺分析

在实际的自然保护区规划建设中，一些自然保护区的选择并非是基于保护的需要，而是因为它们没有用于资源开发和城市发展的价值。由于缺乏系统和科学的保护规划，人们对自然保护区的有效性知之甚少[162]。保护空缺分析可以为自然保护地的规划提供重要依据和参考，但经常会受到数据的限制[163]。与此同时，保护空缺分析在确定现有保护区的空缺地区的同时，并没有提供如何有效填补这些空缺的直接指导[164]。因此，如何有效选择自然保护区将成为保护现存生物多样性的一个重要问题[165]。优化自然保护区的空间布局，对提高自然保护区网络的保护效率起着重要的作用[166,167]。

本章设计了一种系统保护规划结合保护空缺分析的方法，来定量识别保护空缺地区，为自然保护区空间建设和优化提供了技术指导[168,169]。同时，保护空缺分析还可以直观地评估保护对象的就地保护效率[170][171]。本章在山西省自然保护区对山西省重点保护野生植物的保护有效性进行评估的基础上，在现有的自然保护区以外还鉴别出一些具有极高保护价值，但是尚未受到有效保护的地区。空间分析不仅可以鉴别出这些保护空缺地区的空间位置，而且可以为实际保护工作中如何填补这些保护空缺地区提供有效的保护规划建议。

根据不同的保护空缺地区类型，作者提出的空间优化建议包括：对于GAP 1，建议扩大已有的运城湿地自然保护区的范围；对于GAP 2和GAP 4，建议建立有利于几个自然保护区之间相互联系的生态廊道；对于GAP 3和GAP 6，建议对堇花槐、翅果油树和沙芦草建立新的自然保护区或保护小区；对于GAP 5，建议通过扩大已有五台山省级自然保护区或者新建保护小区以加强对锦带花的保护。

经济的快速发展是生态系统退化的主要因素之一，尤其对于山西省这样的煤炭能源省份更是如此。本章在利用系统保护规划时，只将自然保护区以外的土地划分为两种类型，分别是"可利用"和"被排除"的土地类型，没有考虑土地的所有权、人口的分布以及社会经济的发展需求。然而，在实际的土地管理与规划中需要考虑更多的社会和经济因素。因此，保护生物学家们不仅要在提高生物多样性保护效率评价中进行深入探索，而且要在保护规划中协调科学研究与实际规划之间的冲突，妥善解决社会经济发展与物种保护之间的矛盾，只有这样才能最大限度地实现保护目标。

7.5　结论

本章利用系统保护规划确定了山西省重点保护野生植物的 17 个优先保护区，其面积仅占总面积的 5%左右，但可代表全部的重点保护物种。作者通过优先保护地区与现有自然保护区网络进行空间叠加，确定了未来保护工作的 6 个保护空缺地区。研究结果将为山西省植物多样性保护的自然保护区网络规划提供相应的指导和建议。

本章重点提出了一种综合系统保护规划（SCP）和保护空缺分析的自然保护区选择空间优化算法，用以定量确定空间优先等级。同时，本章得出以下一些规划结论：①物种分布数据必须具有足够的分辨率，才可以为保护规划提供重要支持；②在制定保护目标的过程中应强调物种的属性，同时规划单元应结合环境变量进行综合考虑；③采用系统保护规划识别的优先保护地区可以更有效地达到最高的保护效率，特别是可以优先关注到一些狭域分布的物种；④本章提出的优先保护地区和保护空缺分析相结合的保护地空间优化方法，可应用于自然保护地网络的空间优化，从而填补系统保护规划中的保护空缺地区。

第8章 山西省翅果油树适生区预测及其 对气候变化的响应①

气候是影响植物及植被分布的主导环境因素之一，气候变化对植物的生长发育、地理分布及种群数量大小等都会产生极大的影响[172,173]。联合国政府间气候变化专门委员会（IPCC）第5次评估报告预计到21世纪末全球地表平均温度将上升1.0~3.7℃[174]，全球49%的植物群落以及37%的陆地生态系统将发生变化[175]。2019年5月，生物多样性和生态系统服务政府间科学政策平台（IPBES）的最新评估报告显示，约有25%的陆生、淡水和海洋脊椎动物和植物濒临灭绝，并且灭绝速度正在加快[176]。目前，气候变化对生物多样性的影响已成为生物多样性保护研究的热点问题之一。

已有研究观测和证实了全球范围内气候变暖促使植物分布范围有向高海拔和高纬度地区迁移的现象[177-179]。濒危植物的分布范围狭窄且种群数量较少，因此对气候变化的响应更为敏感[180-182]。相关研究表明，未来气候变化将使大多数濒危植物的分布面积逐渐减少、生境破碎化逐渐增大，导致物种灭绝风险进一步提高[182-185]。尤其许多极小种群野生植物是自然生态系统中的关键种，一旦灭绝可能引发连锁反应[186]。因此，研究濒危物种生境对气候变化的响应将为未来生物多样性的有效保护奠定理论基础[187]，同时对保持生态系统功能完整性也具有重要意义[188]。

在气候变化对植物分布影响的研究中，物种分布模型发挥了重要作用[189-191]。其中，最大熵模型（MaxEnt）被证实是目前预测精度和稳定性最优的一种物种分布模型[192,193]，已经被广泛应用于预测物种的潜在适生区研究中[194-196]。该模型基于生态位理论，通过物种现有分布数据和分布区域内对应的环境变量来模拟物种的适宜生境分布[197]，尤其可运用于物种存在记录较少或不全的情况下。近年来，该模型主要运用在对入侵物种[198]、药用植物[199]和能源植物[200]等各种生物类群适生区的预测研究中，而对濒危物种的研究也逐渐受到关注，已成为保护生物学研究的热点。

翅果油树为山西省重点保护野生植物，在我国的分布区主要集中在山西省南部。目

---

① 张殷波,高晨虹,秦浩. 山西翅果油树的适生区预测及其对气候变化的响应. 应用生态学报,2018,29（4）:1156-1162.
张殷波,刘彦岚,秦浩,等. 气候变化条件下山西翅果油树适宜分布区的空间迁移预测. 应用生态学报, 2019, 30（2）:496-502.

前对翅果油树已开展的相关研究主要有种群和群落生态特征[201-204]、生理生化特征[205,206]、遗传多样性和濒危原因等方面[207,208]，以及在翅果油树的育苗技术[209]和开发利用等方面[210]。本章选取山西省重点保护野生植物中具有代表性的物种——翅果油树为研究对象，基于MaxEnt 模型对山西翅果油树的适生区进行预测，通过分析未来不同气候变化情景下物种适生区空间格局的变化和分布中心点的迁移，深入探讨翅果油树空间分布和迁移趋势对气候变化的响应，以期为山西翅果油树野生资源的有效保护和管理提供重要的理论依据和参考建议。

8.1　数据与方法

8.1.1　翅果油树及物种分布数据

翅果油树为我国特有种，隶属胡颓子科、胡颓子属，是第四纪冰川作用后残存下来的一种古老物种，已被列为国家 II 级重点保护植物。翅果油树在我国的分布范围极其狭小，仅分布于山西省南部的局部地区和陕西省户县[211]。作为一种优良的木本油料植物，翅果油树在食用、药用和工业用油等方面都具有重要的经济价值[212,213]。近年来，随着翅果油树产业化综合开发工程的建设，人们对其开发利用强度逐渐加大，已开发的各种生物产品有翅果油、保健品、化妆品等。因此，保护其野生植物资源显得尤为重要。

根据文献记录和长期野外调查经验，翅果油树在山西省的县域分布范围仅为临汾市、运城市和晋城市，因此划定该区域为研究区范围。2010—2016 年，作者对该区域范围内的灌丛群落进行了典型样方调查，从中提取有关山西翅果油树的样方调查数据，2017 年对研究区域内翅果油树的分布信息进行补充调查，共获得 73 个物种分布的有效经纬度数据（图 8.1）。

8.1.2　环境数据

本章共选取 35 个环境变量，包括 19 个生物气候因子、15 个土壤因子和 1 个地形因子。通过实地调查发现，翅果油树的分布不受坡度和坡向的限制，因此地形因子中仅选取海拔因子进行预测。

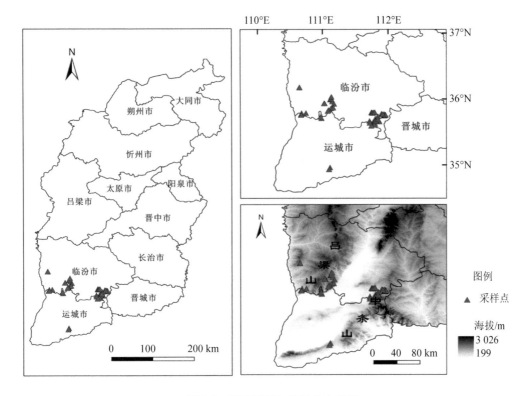

图 8.1　研究区域与物种分布位置

其中，生物气候因子和海拔因子均下载于 Worldclim 数据库（www.worldclim.org），土壤因子从联合国粮食及农业组织（FAO）数据库中选取，各变量的空间分辨率设置为 30′（约等于 1 km）。对于 21 世纪 50 年代和 21 世纪 70 年代的未来气候大气环流模型，本章选择由中国气象局开发的 BCC_CSM 大气环流模型。依据联合国政府间气候变化专门委员会第 5 次评估报告，未来气候情景包括 4 种典型浓度路径（Representative Concentration Pathway，RCP）：RCP 2.6、RCP 4.5、RCP 6.0 和 RCP 8.5，分别代表温室气体排量浓度低、中低、中高和高 4 种情景，不同情景考虑了应对气候变化不同策略对未来温室气体排放的影响[214]。其中，RCP 4.5 和 RCP 6.0 都代表中间稳定路径，且前者的优先性大于后者[215]，因此本章最终选取 RCP 2.6、RCP 4.5 和 RCP 8.5 这 3 种代表低、中、高浓度的排放情景进行模型预测。对于土壤因子，本章假设未来不发生变化。

在物种分布建模中，为了避免环境变量的多重共线性导致的模型过度拟合问题[216,217]，本章首先采用 SPSS 软件中的 Spearman 秩相关法分别对生物气候因子和土壤因子进行预处理。然后选择相关系数小于 0.75 的环境因子，对于相关系数大于 0.75 的环境因子，只保留生态学意义更为重要的因子[196]。最终确定了 5 个生物气候因子、10 个土壤因子和 1 个海拔因子，共计 16 个环境变量作为预测山西翅果油树适生区的环境数据（表 8.1）。

表 8.1　环境变量描述及相对贡献率

序号	变量	变量描述	贡献率/%
1	BIO1	年均温	9.9
2	BIO3	等温线	7.3
3	BIO7	温度年变化范围	17.1
4	BIO12	年降水量	5.5
5	BIO15	降水季节性变化	48.6
6	BS-T	表层土壤盐基饱和度	0.8
7	CE-T	表层土阳离子交换能力	0.0
8	CN-T	表层土碳氮比	0.0
9	CP-T	表层土壤有机碳库	0.0
10	DEPTH	有效土壤深度	1.3
11	EAW	土壤可利用水分含量	0.0
12	NN-T	表层土氮的百分含量	0.1
13	OC-T	表层土有机碳密度	0.0
14	PH-T	表层土 pH	6.4
15	TEX-S	次层土土壤结构等级	0.1
16	ASL	海拔	2.9

8.1.3　物种适生区预测的模型构建

8.1.3.1　MaxEnt 模型的构建

在运用 MaxEnt 进行建模过程中，首先将物种分布经纬度数据转化为 csv 格式文件，并与 16 个环境因子数据同时导入模型，然后随机选取 75%的分布点作为训练数据集来建立模型，将剩余 25%的分布点作为测试数据集来验证模型[218]。鉴于翅果油树的物种分布数据大于 10 个，因此本章的建模原则选择线性特征（linear features）、二次特征（quadratic features）和复合特征（hinge features），并设定固定值"10%存在"（10 percentile training presence）作为本模型的阈值[192]，其余参数设为模型默认值。

MaxEnt 模型提供刀切法（Jackknife）检验，能对环境因子贡献率进行分析，并利用受试者工作特征曲线（Receiver Operating characteristic Curve，ROC）下的面积（Area Under the Curve，AUC）值对模型精度进行评价，不同的 AUC 值代表不同的预测效果：AUC 为 0.5～0.7 时较差，AUC 为 0.7～0.9 时一般，AUC 大于 0.9 时最好[219]。

8.1.3.2　物种适生区预测

作者采用 ArcGIS 软件对模型模拟结果进行数据转换，得到山西翅果油树的存在概率栅格图。存在概率值在 0～1，值越高代表物种存在的可能性越大。结合野外实地调查对翅果油树的存在概率值进行适生等级划分：小于 0.1 为不适生，0.1～0.3 为较适生，0.3～0.5 为适生，大于 0.5 为最适生[220]，从而绘制出当前与 21 世纪 50 年代和 21 世纪 70 年代 3 个时期不同气候变化情景下山西翅果油树的适生区分布图。

本章选取适生和最适生这两个适生等级作为山西翅果油树的总适生区范围（存在概率不小于 0.3），然后对当前和不同气候变化情景下最适生区面积和总适生面积进行统计分析，预测未来气候变化对山西翅果油树适生区面积的影响。

8.1.4　物种适生区空间格局的变化分析

将模型运算得到的山西翅果油树适生区概率结果重新进行分类，即设定物种存在概率值不小于 0.3 的空间单元为翅果油树适生区，物种存在概率值小于 0.3 的空间单元为不适生区，以此建立当前和未来气候变化情景下翅果油树分布的存在/不存在（0，1）矩阵，适生区赋值为存在（1）数据，不适生区赋值为不存在（0）数据。基于物种存在/不存在矩阵表进一步分析翅果油树在未来气候变化情景下适宜分布区的空间格局变化[196]。

首先，建立用于分析空间格局变化的物种无限制迁移假设条件，即假设物种具备完全迁移的能力。具体而言，物种在未来气候变化条件下，因环境适应性其空间格局存在继续生存、就地消失或者向其他环境适宜区迁移 3 种情况。然后，为进一步定量分析未来气候变化情景下翅果油树适生区的空间格局变化，作者定义了 4 种物种适生区变化的类型，分别是新增适生区、丧失适生区、保留适生区和不适生区。其中，新增适生区是指在当前气候条件下物种无分布，但在未来气候情景下新增的分布区域；丧失适生区是指在当前气候条件下物种有分布，但在未来气候情景下物种丧失的区域；保留适生区是指在当前和未来气候下均有物种分布的区域；不适生区是指在当前和未来气候下均无物种分布的区域。

基于物种无限制迁移假设，将未来不同气候变化情景下各空间单元内物种分布的存在/不存在（0，1）矩阵与当前的适生区的存在/不存在（0，1）矩阵进行对比，计算翅果油树在未来气候变化情景下适生区的空间格局变化。矩阵值 0→1 为新增适生区，1→0 为丧失适生区，1→1 为保留适生区，0→0 为不适生区。最后将矩阵变化值加载入 ArcGIS 软件中，实现山西翅果油树适生区空间格局变化的可视化表达。

8.1.5　物种适生区的中心点迁移分析

采用分类统计工具 Zonal 计算山西翅果油树适生区分布中心点的位置，并分别比较当前与 21 世纪 50 年代（2050s）和 21 世纪 70 年代（2070s）不同气候变化情景下中心点位置的变化，计算中心点位置迁移的距离。本章将物种分布概率值不小于 0.3 的空间单元的几何质心定义为山西翅果油树适生区的分布中心点，分布中心点的位置代表了物种适生区的整体空间位置，用分布中心点的迁移方向和迁移距离来表征物种适生区空间位置的整体迁移趋势。

8.2　当前气候条件下山西翅果油树适生区的分布预测

8.2.1　MaxEnt 模型的预测评价

训练数据集和测试数据集的 AUC 值分别是 0.987 和 0.985（图 8.2），表明 MaxEnt 模型对山西翅果油树适生区分布的模拟具有很高的可信度。刀切法的分析结果显示（表 8.1），降水季节性变化（BIO15）的贡献率最高（48.6%），是最重要的环境变量；其次，温度年变化范围（BIO7，17.1%）、年均温（BIO1，9.9%）的贡献率也较大；等温线（BIO3，7.3%）、表层土 pH（PH-T，6.4%）、年降水量（BIO12，5.5%）的贡献率也都超过 5%。以上 6 个环境变量的总贡献率达到 94.8%，因此这些变量既是模型构建中重要的环境变量，也是影响山西翅果油树分布的主要环境因子。

8.2.2　当前气候条件下山西翅果油树的适生区分布

山西翅果油树在当前气候条件下的总适生区（适生等级大于 0.3）分布面积共计 7 150 km², 占山西省国土面积的 3.1%，其中最适生区（适生等级大于 0.5）分布面积为 3 114 km²（表 8.2）*。通过 MaxEnt 模型预测得到山西翅果油树适生区分布图（图 8.3），可以从图中鉴别出山西翅果油树适宜分布于山西省吕梁山南部和中条山地带两个适生区，分布范围在 35.2°~36.3°N、110.5°~112.5°E。其中，最适生区的范围为吕梁山南部（35.7°~36.1°N、110.6°~111.3°E）和中条山（35.4°~35.9°N、110.8°~112°E），具体包括山西省临汾市的乡宁县、翼城县、浮山县和吉县以及运城市的绛县。

---

* 这里的总面积是用的模型运算结果，是把地图转换成栅格图算的。

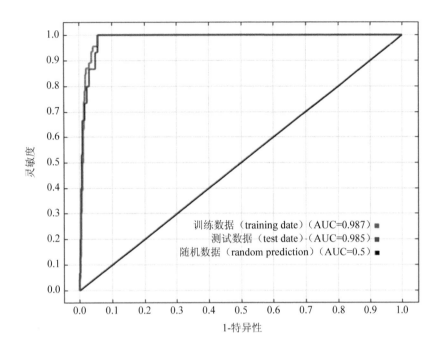

图 8.2　Maxent 模型中 ROC 预测结果

表 8.2　不同气候变化情景下山西翅果油树适生区面积　　　　单位：km²

气候变化情景		最适生区面积	适生区面积	较适生区面积	不适生区面积	总适生区面积（比例）
当前		3 114	4 036	9 320	213 446	7 150（3.1%）
RCP 2.6	2050s	3 391	4 082	9 904	212 539	7 473（3.3%）
	2070s	3 076	3 765	9 353	213 722	6 841（3.0%）
RCP 4.5	2050s	2 714	3 175	9 109	214 918	5 889（2.6%）
	2070s	2 976	3 498	8 475	214 967	6 474（2.8%）
RCP 8.5	2050s	2 612	2 968	7 857	216 479	5 580（2.4%）
	2070s	3 029	3 475	9 700	213 712	6 504（2.8%）

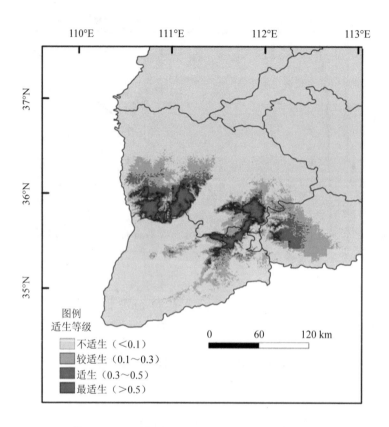

图 8.3　基于 MaxEnt 模型预测的山西翅果油树当前适生区分布

8.3　未来气候变化下山西翅果油树适生区的分布预测

8.3.1　未来气候变化下山西翅果油树的适生区分布

基于 MaxEnt 预测得到未来气候变化不同情景下山西翅果油树的适生区分布图（图 8.4）。从图中可以看出，未来气候变化下山西翅果油树两个适生区的空间位置相对于当前分布均有不同程度的推移。对于吕梁山南部适生区，21 世纪 50 年代在 RCP 2.6、RCP 4.5 和 RCP 8.5 3 种情景模式下翅果油树的总适生区位置均向南推移，最适生区位置移至 36° N 以南地区；21 世纪 70 年代，总适生区位置又有一定程度的北扩，最适生区位置又移回 36° N 以北的部分地区。对于中条山适生区，21 世纪 50 年代和 21 世纪 70 年代翅果油树适生区位置沿着中条山山脉走向不断向高海拔地区迁移。进一步分析得出，两个适生区在 RCP 8.5 高浓度情景下空间位置的迁移均最显著。因此，山西翅果油树不同适生区空间格局对气候变化的响应不同，吕梁山南部适生区是在纬度方向上的轻微波动，而中条山地带适生区则是海拔方向上的迁移。

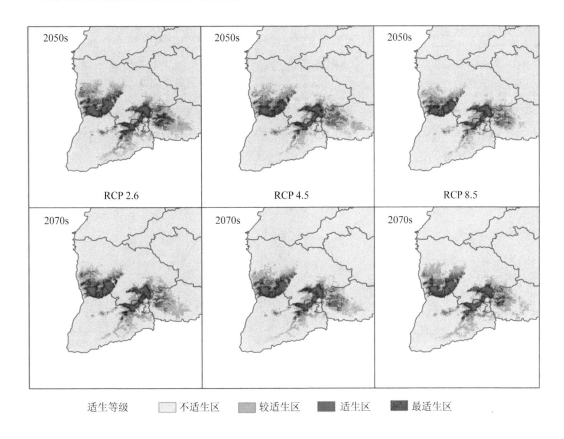

图 8.4　未来不同气候变化情景下山西翅果油树适生区的分布

8.3.2　未来气候变化下山西翅果油树适生区的面积变化

21 世纪 70 年代在不同气候变化情景下，山西翅果油树的总适生区面积和最适生区面积均有明显减少（表 8.2）。在 RCP 2.6、RCP 4.5 和 RCP 8.5 情景下，总适生区面积分别减少了 309 km²、676 km² 和 646 km²，其中 RCP 4.5 情景下面积减幅最大（9.5%）；最适生区面积分别减少了 38 km²、138 km² 和 85 km²，其中 RCP 4.5 情景下面积减幅最大（4.4%）。

21 世纪 50 年代在不同气候变化情景下，山西翅果油树的总适生区面积和最适生区面积变化响应不同（表 8.2）。在 RCP 2.6 情景下，总适生区和最适生区呈增加趋势，分别增加了 323 km² 和 277 km²；在 RCP 4.5 情景下，总适生区和最适生区呈减少趋势，分别减少了 1 261 km² 和 400 km²；在 RCP 8.5 情景下，总适生区和最适生区呈减少趋势，分别减少了 1 570 km^2 和 502 km^2。

因此，比较 21 世纪 50 年代和 21 世纪 70 年代不同时期的预测结果得出：山西翅果油树对气候变化的响应在不同气候情景下表现出不同的变化趋势（图 8.5）。在 RCP 2.6 低浓度排放情景下，翅果油树适生区面积呈先增后减的趋势，且变化幅度最小；而在 RCP 4.5 和 RCP 8.5 中高浓度排放情景下呈先减后增的趋势。其中，RCP 8.5 情景下增减幅最明显，21 世纪 50 年代最适生区面积和总适生区面积分别减少 16% 和 22%，到 21 世纪 70 年代均又增加 13%。这说明在未来气候变化情景下，山西翅果油树适生分布区范围缩减，但不同气候变化情景下面积变化趋势各有差异，在中高浓度排放情景下响应最敏感。

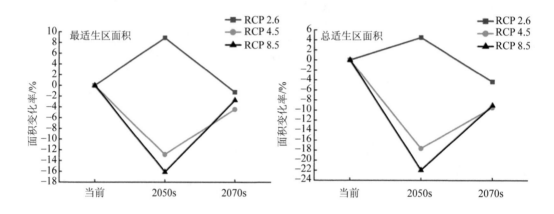

图 8.5　未来不同气候变化情景下山西翅果油树最适生区和总适生区面积的变化

8.3.3　未来气候变化下山西翅果油树适生区的空间迁移格局

将未来气候变化不同情景下山西翅果油树适生区的空间格局进行对比分析，结果显示（图 8.6）：

在未来气候变化情景下，山西翅果油树当前气候条件下适生区的绝大部分仍为保留适生区；新增适生区在不同气候变化情景下的新增率为 9.1%～20.9%，零星分布在两个适生区的边缘地带；而丧失适生区在不同气候变化情景下的丧失率为 16.4%～31.2%，集中分布在吕梁山适生区北缘和中条山适生区东南部。这些新增适生区和丧失适生区均为气候变化的敏感区域，需引起重视。

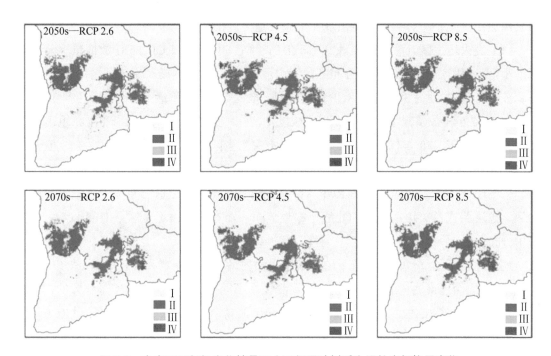

图 8.6　未来不同气候变化情景下山西翅果油树适生区的空间格局变化

注：Ⅰ：不适生区；Ⅱ：保留适生区；Ⅲ：新增适生区；Ⅳ：丧失适生区。

进一步结合适生区的空间格局变化图统计不同气候变化情景下的山西翅果油树适生区空间格局面积的变化率（表 8.3），得出：

表 8.3　不同气候变化情景下的翅果油树适生区迁移变化率　　　　　单位：%

变化率	21 世纪 50 年代			21 世纪 70 年代		
	RCP 2.6	RCP 4.5	RCP 8.5	RCP 2.6	RCP 4.5	RCP 8.5
保留率	83.7	71.6	68.8	80.2	77.7	79.4
丧失率	16.3	28.4	31.2	19.8	22.3	20.6
新增率	20.9	10.6	9.1	11.6	12.8	11.5

（1）新增适生区。对于新增适生区，在 21 世纪 50 年代、RCP 2.6 排放情景下分布面积最大，新增率达到 20.9%，新增适生区在两个适生区的边缘地带均可见；在 21 世纪 50 年代、RCP 8.5 排放情景下新增适生区分布面积最小，新增率为 9.1%，仅出现在吕梁山适生区西缘和中条山适生区北缘。这进一步说明了一定程度的气候变暖有助于翅果油树的生存，气候变化可为翅果油树提供更多适宜的生境条件。在 21 世纪 70 年代，不同排放情景下新增适生区的新增率均为 12% 左右，但分布范围存在差异，在 RCP 2.6 和 RCP 4.5 排放情景下新增适生区分布在两个适生区的边缘地带，在 RCP 8.5 情景下新增适生区在

吕梁山适生区几乎不可见，而多出现在中条山适生区的边缘地带。

（2）丧失适生区。对于丧失适生区，在 21 世纪 50 年代、RCP 2.6 排放情景下分布面积最小，丧失率为 16.4%，零星分布在吕梁山适生区北缘，在中条山适生区东南部也有小面积分布；在 21 世纪 50 年代、RCP 8.5 排放情景下其分布面积最大，丧失率达到 31.2%，除与 RCP 2.6 排放情景下一致的丧失区域以外，在中条山适生区的北缘和南缘也出现了丧失。在 21 世纪 70 年代，不同排放情景下丧失适生区的丧失率均为 20% 左右，但分布范围存在差异，在 RCP 2.6 和 RCP 4.5 排放情景下丧失适生区集中分布在吕梁山适生区北缘和中条山适生区东南部，但在 RCP 8.5 排放情景下丧失适生区分布与中低排放情景不一致，表现为在吕梁山适生区的北缘呈零星分布，而在中条山适生区东南部出现大面积集中分布。

通过比较不同气候变化情景下的山西翅果油树适生区的新增率和丧失率，得出 21 世纪 50 年代山西翅果油树适生区的空间格局变化在不同排放情景下的响应是一致的，在低浓度排放情景下（RCP 2.6）的丧失率最低、新增率最高，而在高浓度排放情景下（RCP 8.5）的丧失率最高、新增率最低。

8.3.4　未来气候变化下山西翅果油树适生区中心点的迁移趋势

本章采用以质心定义分布区域中心点来表征山西翅果油树适生区位置的迁移。对未来不同气候变化情景下山西翅果油树两个适生区的中心点位置迁移变化分析表明（图 8.7）：

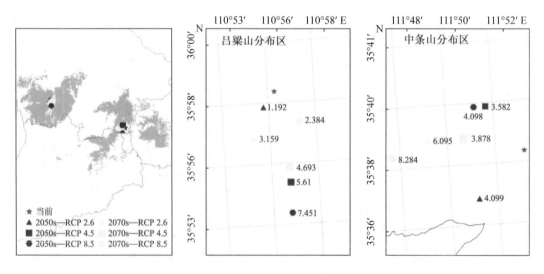

图 8.7　未来不同气候变化情景下山西翅果油树适生区中心点迁移位置

注：中心点位置旁的数字代表该点位置相对于当前中心点位置的经向距离（km）。

（1）吕梁山适生区。对于吕梁山适生区，在 21 世纪 50 年代和 21 世纪 70 年代适生区中心点较之当前都有一定程度的南移。在 21 世纪 50 年代，RCP 8.5 排放情景下中心点迁移距离最大，为 7.451 km；到 21 世纪 70 年代，中心点位置又表现出向北回迁的趋势，回迁距离小于 21 世纪 50 年代的迁移距离。因此，在未来气候变化条件下山西翅果油树的吕梁山适生区中心点表现出先向南迁移再向北回迁的趋势，这与 Maxent 模型预测得到的不同气候条件下适生区分布图直观比较的变化结果相一致。

（2）中条山适生区。对于中条山适生区，在 21 世纪 50 年代和 21 世纪 70 年代适生区中心点较之当前均整体呈现出向西北方向迁移的趋势。在 21 世纪 50 年代，中心点呈现在低浓度排放情景下向西南，中高浓度排放情景下向北的迁移趋势，在 RCP 2.6 排放情景下迁移距离最大，为 4.099 km；到 21 世纪 70 年代，中心点位置表现一致向西迁移的趋势，且在 RCP 8.5 排放情景下迁移距离最大，为 8.284 km。

8.4　分析与讨论

8.4.1　物种分布模型在翅果油树中的应用

物种分布模型是一种在预测物种潜在生境以及地理分布格局研究中被广泛应用的有效方法[221-223]，包括生态位模型（ENM）、动态模拟模型（CLIMEX）、基于遗传算法的规则组合预测模型（GARP）、广义相加模型（GAM）、广义线性模型（GLM）以及最大熵模型（Maxent）等[224,225]。其中，Maxent 模型是目前用于气候变化对物种分布影响研究中使用最为广泛且具有较好预测能力的模型[226]。本章利用 Maxent 模型对山西翅果油树在当前气候条件下的适生区进行研究，并结合 IPCC5 中 3 种气候变化情景数据对山西翅果油树在 21 世纪 50 年代和 21 世纪 70 年代的适生区分布情况进行预测。所建立模型的模拟效果较好，对当前翅果油树的预测结果与实际情况符合度较高。

根据评价因子贡献率的结果，降水季节性变化的贡献率达到 48.6%，对山西翅果油树的地理分布起着关键作用，是影响山西翅果油树分布的决定因子。年降水量的贡献率为 5.5%，对山西翅果油树的分布也会有一定影响。在野外调查中发现，山西翅果油树的主要分布区翼城县和乡宁县气候较为湿润，翅果油树群落的发育普遍较好，且观察到在水分条件较好的阴坡、半阴坡的生长状况更为良好。温度相关因子中，温度年变化范围的贡献率为 17.9%，仅次于降水季节性变化，对山西翅果油树的分布起次要作用。杨利艳等在研究翅果油树种子萌发率的过程中发现，一定时间的低温处理能提高种子萌发率[227]，表明温度变化范围对翅果油树的种子萌发有着重要影响。此外，年均温和等温线的贡献率分别为 9.9%和 7.3%，对翅果油树分布也有较大影响。

在物种分布模型的研究中，大多数学者仅使用气候因子建立模型，本章将土壤因子也考虑进去。但是，由于高精度的土壤数据难以获取，本章尝试采用 FAO 网站提供的 19 个土壤基本数据，研究结果显示各土壤因子在翅果油树分布区预测中的贡献率均较小，仅表层土 pH 的贡献率超过 5%，其他 4 个因子（有效土壤深度、表层土壤盐基饱和度、次层土土壤结构等级和表层土氮的百分含量）的累计贡献率仅为 2.3%，这与翅果油树对土壤的要求较低、可在贫瘠土壤中生长的特征一致[204]。土壤数据的精度会影响物种分布模型预测的结果，尤其对于一些依赖于特殊土壤分布的物种而言其影响程度会更大。本章仅是在模型分析时运用土壤因子作为一种探索，如何将高精度的环境因子运用到特殊物种的小尺度分布预测中，仍是该领域研究的一个难点。

除气候、土壤和海拔因子外，还有其他一些对翅果油树适生区预测有影响的因子在本章中未考虑，如种间竞争力、生物繁殖和迁移能力、物种进化对环境因子的适应性等生物因子[228-230]，以及离道路、耕地及居民点的距离、道路密度和居民点密度[231]等人类干扰因子。因此，在今后的研究中需要进一步深入探讨物种分布模型建立的环境因子选取。

8.4.2　气候变化对山西翅果油树适生区空间分布的影响

本章利用 Maxent 模型预测得出山西翅果油树的适宜分布区主要分布在吕梁山南部和中条山两个适生区。这两个适生区在地理环境上存在差异，具体表现为：在山脉走向上，吕梁山呈南—北走向，而中条山呈西南—东北走向；在地理位置上，中条山较之吕梁山偏南与偏东；在海拔高度上，吕梁山适生区海拔高于中条山适生区。

在未来气候变化情景下，吕梁山适生区和中条山适生区的变化趋势不同。吕梁山适生区位置变化不明显，仅呈现出纬度方向上的轻微波动；中条山适生区变化明显，呈现向高海拔地区迁移的趋势。这一预测结果与其他相关研究得到的全球气候变暖会引起物种向高海拔和高纬度迁移的观测现象一致[232,233]。因此，气候变化是影响山西翅果油树地理分布的重要因素，在保护工作中需考虑物种对气候变化的响应。

对于吕梁山南端适生区表现出纬度方向的轻微波动，可能的原因是吕梁山山体高大且地形复杂，可以提供更多山西翅果油树分布的适宜生境。中条山适生区呈现向高海拔迁移的趋势，这与气候变暖引起物种向高海拔和高纬度迁移的趋势相符。物种的空间迁移会加大物种间的竞争力，可能会进一步加大山西翅果油树的濒危程度。在气候变化条件下，除适生区空间位置发生迁移外，山西翅果油树的总适生面积到 21 世纪 70 年代也将有较为明显的减少，这进一步表明山西翅果油树的分布受气候变化的影响较大，对气候变化的响应较为敏感。但是，在不同气候变化情景下翅果油树分布面积又表现出不同的变化过程，在低浓度情景下呈先增后减趋势，而在中高浓度情景下呈先减后增趋势，希望在今后的研究中进一步探讨对这一现象的合理解释。

为了深入探究翅果油树的空间迁移和变化趋势，作者进一步从空间格局角度进行分析。结果表明，在未来气候变化条件下，山西翅果油树的适生区分布不仅呈现面积缩减的趋势，空间格局也会发生显著变化，既有当前适生区转变为丧失适生区的情况，也有不适生区转变为新增适生区的空间格局产生，尤其在适生区边界区域表现剧烈。在未来气候变化情景下，山西翅果油树适生区丧失率远高于新增率，且丧失适生区呈现集中分布趋势，主要出现在山西吕梁山适生区北缘和中条山适生区东南部。而在两个适生区的边缘地带出现了新增适生区的空间格局，新增适生区并无集中成片分布，仅零星分布于适生区不同方向的边缘地带，进而采用适生区中心点迁移的定量研究方法，也进一步验证了空间分布格局的变化和可能的迁移趋势，这两个结果相互进行了印证。相比以往气候变化对物种分布的影响主要关注物种适生区面积的缩减或生境的丧失率，本章得到的气候变化条件下物种空间分布格局变化的研究结果更能具化山西翅果油树适生区分布对气候变化的响应。

8.4.3　不同空间迁移格局下的山西翅果油树保护策略

在山西翅果油树物种保护中不仅需要关注丧失适生区，对新增适生区也应予以重视，两种空间迁移格局均为气候变化的敏感区域。同时，对于新增适生区、丧失适生区和保留适生区，需分别制定相应的保护管理策略。

对于新增适生区，鉴于翅果油树多分布于低山及黄土丘陵沟壑区[234]，应据此制定合理的可持续的土地利用规划，为翅果油树的迁入保留足够的空间；新增适生区零星分布在适生区的边缘地带，在这些区域需减少人为干扰活动，增加翅果油树迁入的可能性；另外，翅果油树种子较大且较重，需要人工辅助迁移来帮助其扩散并定植。

对于丧失适生区，应积极采取迁地保护措施，建立植物园，将翅果油树移植到人工环境中进行栽培、养护和保存。由于翅果油树适宜在高寒、阴湿山区中栽培[235]，因而应选择性地营造翅果油树人工群落，且迁地保护多通过移栽大苗、种子育苗和无性繁殖等方式培育种苗，需在保护点建立可维持其遗传多样性的种群数量[236]。此外，鉴于翅果油树的重要经济价值，在解决了其人工繁育的科学问题后，保护基地应实行保护与开发并行政策，以营利为目的的科学引种将是未来的发展趋势之一。

对于保留适生区，在未来气候变化条件下，它可以作为翅果油树应对气候变化的安全地与"避难所"，其重要地位由此可见一斑。因而我们更应该注重对此区域的保护与管理。建立自然保护区是对珍稀濒危野生生物资源进行就地保护的最有效途径。目前山西翅果油树分布集中的翼城县、乡宁县和稷山县等地，只有翼城县建立了省级翅果油树自然保护区，因而可以将乡宁县与稷山县的适宜分布区作为优先保护区，在未来保护区规划中将这两个地区纳入保护区网络，以提高就地保护的保护效率。

　　翅果油树的分布范围十分狭窄，对翅果油树实施有效的保护工作变得尤为重要。目前在山西翼城分布区已建立了全国首个翼城翅果油树省级自然保护区，对翅果油树进行了合理的就地保护。但作为省级自然保护区，其管理体系不完善和管理经费严重不足，极大地影响了山西翅果油树的保护成效。作者通过对翅果油树野生种群进行实地调查，发现自然保护区外翅果油树的生长状况不容乐观，尤其在乡宁县分布区的人为影响极为严重。在矿区开发、开山修路等经济社会活动中，由于缺乏合理的管理和保护措施，以及当地居民对翅果油树的生态价值的认识普遍淡薄，导致乱砍滥伐现象十分严重。进一步加强对翅果油树的有效保护，既需要在当前翅果油树的分布区实施科学合理的保护措施，又需要结合翅果油树适生区对气候变化的响应结果，在未来可能适宜分布的地区进行栽培种植，扩大翅果油树分布范围，以应对和减少未来气候变化的影响。

8.5　结论

　　气候变化对生物多样性的影响及其适应性直接关系着生物多样性保护的成效，预测未来气候变化条件下受威胁物种适宜生境的空间变化趋势对生物多样性保护具有重要的理论和实践意义。本章选取山西省重点保护野生植物中具有代表性的物种——翅果油树作为研究对象，以 73 个物种野外调查数据和 35 个环境因子为基础，在区域尺度上预测当前和未来气候变化条件下的物种适宜分布区，进而通过空间分析模拟不同气候变化情景下其适宜分布区的空间变化和迁移趋势。结果显示：

　　（1）受试者工作特征曲线分析法的 AUC 值为 0.987，表明模型的模拟精度很好且预测可靠性高；刀切法检验结果显示，降水量季节性变化、温度年变化范围、年均温、等温线、表层土 pH 和年降水量是影响山西翅果油树地理分布的主要环境因子，其总贡献率达到了 94.8%。

　　（2）当前山西翅果油树的适生区主要集中在山西省吕梁山南部和中条山地带。未来不同气候情景下，到 21 世纪 70 年代翅果油树适生区面积均有不同幅度的缩减，但不同年代的面积变化趋势存在差异。低浓度情景（RCP 2.6）下呈先增后减趋势，中高浓度情景（RCP 4.5 和 RCP 8.5）下响应较敏感且呈先减后增的趋势。山西翅果油树的两个适宜分布区在未来气候变化情景下呈现出不同的迁移趋势，吕梁山适生区呈现出纬度方向上的轻微波动，而中条山适生区则呈现出向高海拔地区迁移的趋势。

　　（3）气候变化条件下山西翅果油树适生区空间格局的变化分析表明，翅果油树当前适生区的边界存在明显变化区域，包括新增适生区（零星分布在两个适生区的边缘地带，新增率为 9.1%～20.9%）和丧失适生区（集中分布在吕梁山适生区北缘和中条山适生区东南部，丧失率为 16.4%～31.2%），且两者对气候变化的响应均较为敏感。

（4）利用分类统计工具 Zonal 计算得出，在未来气候变化条件下山西翅果油树吕梁山适生区的中心点呈现先向南迁移再向北回迁的趋势，最大迁移距离为 7.451 km；中条山适生区的中心点则呈现出向西北迁移的趋势，最大迁移距离为 8.284 km。这进一步证明山西翅果油树的地理分布对气候变化的响应较为剧烈。

第9章 山西省翅果油树的物种价值评估与生态补偿研究[①]

生物多样性作为人类社会永续发展的物质基础，是健康生态系统的基石，具有极其重要的价值和功能[237]。生物多样性的价值包括直接为人类所利用并获益的直接价值和对生态系统起到调节作用的间接价值[238]。然而，这些价值很难被直观地衡量，也往往容易被人们忽视。因此，科学评价生物多样性价值，尤其是野生物种的非使用价值，已成为该领域的研究热点和难点问题[239]。物种价值的定量科学评价既可以为物种保护政策的制定提供参考标准，也对野生物种的有效保护具有重要的意义[240,241]。

物种价值存在于诸多方面和多方利益相关者，因此对物种价值的评估需要充分考虑不同利益群体的意愿和诉求，对物种的保护和生态补偿也往往需要在多个领域、多个部门之间进行协同[242]。利益相关者理论的核心是通过科学合理地协调利益相关者的多重利益诉求，促进最终目标的实现[243]。对濒危物种的保护和生态补偿工作中会涉及多个利益相关者主体，因此在政策制定和实施时需要综合调节保护过程中所涉及的所有利益相关者的诉求关系[244,245]。

选择实验法（Choice Experiments Method，CEM）是非市场价值评估和公共政策评价的重要方法之一，是资源经济、生态价值评估领域中最具运用前景的一种方法，可用于自然资源产品或服务等的非市场价值评估[246,247]。在国内，选择实验法已在湿地保护、河流治理、景观游憩的价值评估[248-250]以及耕地和流域的生态补偿研究中得到广泛应用[251,252]，并取得良好的评估效果。尝试将选择实验法运用于野生物种的价值评估，既要考虑不同利益相关者的利益诉求，又可为濒危物种保护和生态补偿提供重要的理论依据。

翅果油树为我国特有的国家Ⅱ级保护植物，其分布范围极其狭小且具有重要的经济和生态价值，在《中国物种红色名录》中受威胁等级为"濒危"[253]。本章以翅果油树为例，基于利益相关者视角分析了不同利益相关者与物种价值和物种属性之间的关系，进

① 张殷波，牛杨杨，王文智，等. 利益相关者视角下的濒危物种价值评估与生态补偿——以翅果油树为例. 应用生态学报，2020，31（7）：2323-2331.

而运用选择实验法的随机参数 Logit 模型（RPL）评价了利益相关者对翅果油树不同属性的选择偏好及支付意愿（Willingness to Pay，WTP），最终通过计算补偿剩余价值为生态补偿标准的制定提供重要参考。本章旨在为翅果油树以及其他受威胁物种的价值评估研究提供有效的方法与借鉴。

9.1　数据与方法

9.1.1　翅果油树的物种价值与利益相关者

9.1.1.1　翅果油树的物种价值

翅果油树的物种价值包括直接价值和间接价值[254]。

（1）直接价值。翅果油树为油料作物和蜜源植物，其种仁出油率高，且富含亚油酸和维生素 E 等营养成分，可直接开发成茶、蜂蜜、果仁等低附加值产品；翅果油树叶片中含有亚麻酸、黄酮类化合物、维生素、氨基酸等多种营养成分，具有较高的药用价值，还可进一步开发成翅果油软胶囊、化妆品、胶原蛋白肽饮料、蛋白粉、益生菌粉等高附加值的保健品。

（2）间接价值。翅果油树的根系发达，萌发能力较强，根部具有根瘤固氮活性，有利于水土保持、防风固沙，可用于荒山绿化、土壤改良和水土流失防治等，对维持黄土高原生态系统的稳定具有重要作用和价值。

9.1.1.2　翅果油树的利益相关者

翅果油树的利益相关者是在翅果油树开发利用和保护中的相关利益群体。本章通过实地走访和专家咨询，确定管理部门、企业和农户为翅果油树的利益相关者，也是本章研究的主要受访者。

（1）对于管理部门利益相关者，包括政治诉求、可持续发展诉求和社会诉求等方面。

（2）对于企业利益相关者，包括成本投入诉求和利润回报诉求两个方面。

（3）对于农户利益相关者，包括生活诉求和生存诉求两个方面。

翅果油树的三方利益相关者及其具体利益诉求内容见表 9.1。

表 9.1　翅果油树的利益相关者及其利益诉求内容

利益相关者	利益诉求	具体内容
管理部门	政治诉求、 可持续发展诉求、 社会诉求	完成和完善翅果油树自然保护区的建设工作； 协调自然保护区周边生态环境保护和经济建设平衡发展； 保障农民收入，改善民生，维持自然保护区及周边的和谐稳定
企业	成本投入诉求、 利润回报诉求	控制支出成本，培育和选取优质树苗品种，提高利用率； 开发翅果油树产品及衍生产品，延长产业链，提高产品质量和产品知名度，争取利润最大化
农户	生活诉求、 生存诉求	通过种植翅果油树获取稳定的经济来源和收入，提高生活质量，改善居住地生态环境

9.1.2　确定物种属性及其水平

选择实验法首先将物种估值对象分解成多个属性，包括物种属性和价格属性，并分别对每一属性赋予多个水平值，进而组合成不同选项的问卷以供受访者选择[255,256]。

通过对翅果油树利益相关者的利益诉求分析，筛选后确定种植面积、产品分类、树苗品种、保护投入和农户收益作为翅果油树的 5 个物种属性[257]。除物种属性以外，将支付金额作为价格属性，最终选取 6 个属性进行分析（表 9.2）。

表 9.2　翅果油树的物种属性、水平及属性编码

属性	水平	属性水平编码
种植面积	不变[a]；增加 333.3 hm²；增加 666.6 hm²	area
产品分类	高端产品开发为主[a]；低端产品开发为主；高低端同时开发	product1[a]；product2；product3
树苗品种	随机[a]；结实率高的树种	breed
保护投入	不投入；投入不变[a]；增加投入	fund1；fund2[a]；fund3
农户收益	不变[a]；每户年收益增加 30%；每户年收益增加 50%	profit
支付金额	0 元[a]；25 元；50 元；100 元；150 元	pay

注：a 代表属性当前的水平。

所有属性均为多分类变量，其中，种植面积、树苗品种、农户收益和支付金额为有序变量，各变量之间有程度和顺序的区别，根据程度或顺序发生设置有规律的递变；产品分类和保护投入为无序变量，各变量之间无程度和顺序的区别，需根据实际情况对属性赋予不同水平。6 个属性的不同水平设置见表 9.2，最后对各属性水平进行编码。

9.1.3　调查问卷的设计和发放

将属性及水平组合成不同选项后可形成多个选项集[258]。基于以上 6 个属性，按照全因子设计共得到 810 个可能的选项集。运用 SPSS 软件正交试验排除冗余向后得到 33 组可供选择的选项，组合形成 16 个选项集，每个选项集包括 1 组当前状态及 2 组改进方案，示例见表 9.3。最后，共设计出 4 份不同版本的调查问卷，每个版本里包含 4 个选项集、12 个观测值。受访者在问卷调查时可以从 4 份调查问卷中随机抽取 1 份接受调查，选择最满意的选项，以此反映受访者的不同偏好。

表 9.3　翅果油树保护和开发的选择方案集示例

属性	选择 1	选择 2	选择 3
种植面积	不变	增加 10 000 亩	增加 5 000 亩
产品开发	高端产品开发为主	高端产品开发为主	低端产品开发为主
树苗品种	随机	随机	随机
保护投入	不变	不投入	不变
农户收益	不变	增加 30%	增加 30%
支付金额/（元/年/户）	0	150	100

通过前期文献查阅和实地预调研，翅果油树的野生种群主要分布在山西省临汾市乡宁县和运城市翼城县、稷山县和平陆县等地。已建立的保护区仅有翼城翅果油树省级自然保护区一处，位于山西省翼城县。对翅果油树产品的科技研发目前尚属起步阶段，已形成产业规模的仅有山西琪尔康翅果生物制品有限公司，位于山西省乡宁县，是目前从种植、育苗到产品研发、加工和销售一条龙的高新技术企业。

调查问卷的发放围绕这三方利益相关者开展，调查方式采用随机抽样调查。调查问卷的具体内容包括三部分——受访者的个人信息、受访者对翅果油树的认知程度以及翅果油树保护和开发的选择方案。

9.1.4　随机参数 Logit 模型

采用随机参数 Logit 模型（RPL），利用 Nlogit 5.0 软件进行数据分析。随机参数 Logit 模型可通过参数随机变化来捕捉受访者在不同选择方案之间的偏好异质性，即不同利益相关者对物种属性表现出不同的偏好[259]。在 RPL 中，受访者 n 在选择集 S 中选择方案 i 一般表示为

$$P(S_n = i) = \frac{\exp\{V_{in}[X_i(\beta + \eta_i), Y_n]\}}{\sum\limits_{i=1}^{S} \exp\{V_{in}[X_i(\beta + \eta)_i, Y_n]\}} \tag{9.1}$$

式中：X 为物种属性变量；Y 为受访者特征；V 为效用函数；β 为模型待估计参数；η 为随机误差项。

对于基准变量，包括高端产品开发为主（product1 [a]）和保护投入不变（fund2 [a]），不能由模型估计得到参数，可以根据 $\beta_i^* = -\sum\limits_{j\neq i} \beta_j$ 公式计算得出。

本章通过统计赤池信息量值（AIC）、最大似然估计值（Log likelihood function）、伪 R^2 分析（McFadden Pseudo R-squared）等统计量，反映模型拟合效果。AIC 值越小，表示模型拟合度越好[260]；最大似然估计值一般为负值，实际值越大越好；伪 R^2 是计算似然比率的指标，范围为（0，1），当位于（0.2，0.4）时模型拟合度最好。

9.1.5 支付意愿及补偿剩余价值的计算

支付意愿表示受访者愿意为获取翅果油树的某一属性水平而支付的费用[261]，以此来评价翅果油树的物种价值。其表达式为

$$\text{WTP}_r = -\frac{\beta_r}{\beta_p} \tag{9.2}$$

式中：β_r 表示具体的物种属性；β_p 表示价格属性。

补偿剩余价值（Compensating Surplus，CS）表示翅果油树从现状 V_0 改变到设定的最佳方案 V_1 时，受访者愿意支付的费用[262]。其表达式为

$$\text{CS} = -\frac{1}{\beta_P}\left[\ln\left(\sum_i \exp V_0\right) - \ln\left(\sum_i \exp V_1\right)\right] \tag{9.3}$$

9.2 翅果油树的选择偏好与物种价值

9.2.1 翅果油树物种属性与利益相关者的关系

本章得到的翅果油树三方利益相关者为：①管理部门，包括山西省翼城翅果油树自然保护区管理局及所在翼城县林业局等相关部门，对翅果油树的主要利益诉求体现在政治诉求、可持续发展诉求及社会诉求；②企业，包括山西琪尔康翅果生物制品有限公司和山西翼城县凤山岭翅果油树种植专业合作社，主要关注翅果油树物种资源开发和利用的成本投入及利润回报诉求；③农户，主要包括山西省翼城县南梁镇、山西省乡宁县西

交口镇及周围村镇的农户，重点关注种植翅果油树对改善个人生活水平和居住地生态环境，表现为生活诉求和生存诉求。

翅果油树的 5 个物种属性分别为：①种植面积，体现翅果油树种植规模下所产生的经济效益和生态价值；②产品分类，体现对翅果油树不同类型产品开发的偏好及开发过程中的经济效益，同时能够反映出利益相关者对翅果油树产品未来发展的期望；③树苗品种，体现利益相关者对翅果油树种植时树苗品种的选择和经济效益；④保护投入，体现利益相关者对翅果油树保护方面的诉求和偏好；⑤农户收益，体现利益相关者对翅果油树给农户带来收益的期望。

翅果油树的不同利益相关者对不同物种属性及物种价值体现出不同的偏好，它们之间的关系见图 9.1。

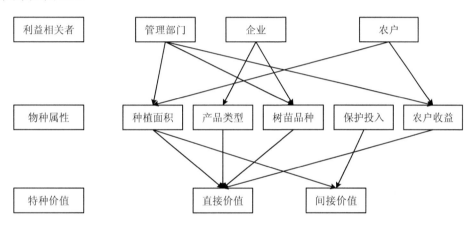

图 9.1　翅果油树物种属性、物种价值和利益相关者的关系

9.2.2　调查问卷的样本特征

在对不同利益相关者进行预调查之后，2017 年 7—8 月发放正式调查问卷共 280 份，回收 280 份，其中有效问卷 258 份。

从受访者样本特征的统计表（表 9.4）中可以看出：①受访者中代表不同利益相关者的农民、管理部门人员和企业职工所占比例分别为 43%、32% 和 25%；②男性和女性样本所占比例分别为 53% 和 47%，性别分布较均衡；③年龄分布中，31～45 岁和 46～59 岁的受访者所占比例分别为 35% 和 42%，受访者主要为当地农民和相关管理部门及企业的工作者；④56% 的受访者月收入在 0.4 万元以下，收入水平和支付能力都较低；⑤高中及以下的受访者比例接近 50%，受教育程度较低；⑥75% 的受访者居住地周边有翅果油树分布，53% 的受访者对翅果油树非常了解，90% 以上的受访者对翅果油树了解认知程度较高。

表 9.4 受访者的样本特征统计

特征指标	特征描述	频数	比例/%
职业	农民	110	43
	管理部门人员	82	32
	企业职工	66	25
性别	男	137	53
	女	121	47
年龄	<18	3	1
	18~30	30	12
	31~45	90	35
	46~59	109	42
	≥60	26	10
个人月收入（×10⁴ 元）	>1	23	9
	0.6~1	43	16
	0.4~0.6	49	19
	<0.4	143	56
受教育程度	研究生及以上	2	1
	大学	57	22
	中专及大专	74	29
	高中及以下	125	48
居住地翅果油树分布情况	有分布	194	75
	无分布	64	25
对翅果油树的了解程度	完全不了解	15	6
	了解	106	41
	非常了解	137	53

9.2.3 翅果油树的选择偏好及支付意愿

RPL 模型结果中伪 R^2 值为 0.229 6，AIC 值为 1 718.3，最大似然估计值为 –872.586 2，表明模型拟合效果良好。各参数的显著性检验结果在不考虑基准变量"高端产品开发为主"和"保护投入不变"的基础上，"高低端产品同时开发""树苗品种""保护不投入""保护增加投入""农户收益"通过了 1%水平下的显著性检验；除变量"低端产品开发为主"以外，其他变量均通过了 5%水平下的显著性检验（表 9.5），表明受访者对不同属性变量的偏好具有显著性。

表 9.5　随机参数模型的参数估计及支付意愿（WTP）

变量名称	变量	参数值	z 检验统计量	每户的支付意愿/（元/年）	排序
种植面积	area	0.435**	0.029 5	62.14	7
高端产品开发为主	product1 [a]	1.593	—	227.57	3
低端产品开发为主	product2	−0.106	0.748 3	−15.14	8
高低端产品同时开发	product3	1.699***	0.003 2	242.71	2
树苗品种	breed	1.092***	0.000 6	156.00	6
保护不投入	fund1	−1.083***	0.003 9	−154.71	9
保护投入不变	fund2 [a]	1.234	—	176.29	5
保护增加投入	fund3	2.317***	0.000 0	331.00	1
农户收益	profit	1.544***	0.000 0	220.57	4
支付金额	pay	−0.007**	0.038 5	—	—

注：① *** $P<0.01$；** $P<0.05$。
② a 代表属性当前的水平。

从表 9.5 中可以看出，受访者对属性变量的选择偏好与支付意愿表现一致。其中：

①变量"保护增加投入"为正值且最大，表明受访者最偏好翅果油树的保护投入，且支付意愿最高，每户为 331.00 元/年。

②变量"高低端产品同时开发"和"高端产品开发为主"的值次之，表明受访者关注翅果油树的产品开发，且偏好于高、低附加值产品同时开发的模式，对应的支付意愿分别为每户 242.71 元/年和 227.57 元/年。

③对变量"农户收益""保护投入不变""树苗品种"，受访者也表现出较高的偏好，对应的支付意愿分别为每户 220.57 元/年、176.29 元/年和 156.00 元/年。

④受访者对变量"种植面积"的偏好较小，每户支付意愿为 62.14 元/年。

⑤属性变量中，仅"低端产品开发为主"和"保护不投入"的参数值为负值，表明具有负的偏好；且受访者对"保护不投入"属性变量的支付意愿最小，每户为−154.71 元/年，进一步表明受访者愿意支付一定的翅果油树的保护费用。

最后，计算得到每户的补偿剩余价值为 285.62 元/年，即翅果油树的保护和开发从现状提高到最好状态时，受访者每年每户愿意支付的费用为 285.62 元。

9.3　翅果油树的生态补偿机制

生态补偿的实施过程中，因多方利益相关者的角色、职责和任务不同，从而形成不同的目标诉求和价值取向。因此，在生态补偿时研究者需要综合考虑不同利益者的偏好，使多方利益相关者协同合作，尽量减少他们之间的矛盾冲突。

翅果油树的生态补偿机制包括补偿主体和补偿客体、补偿标准和补偿方式（图9.2）。

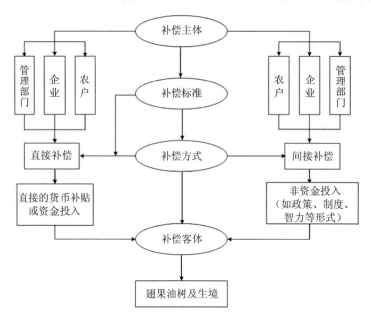

图 9.2 翅果油树生态补偿机制

补偿主体包括管理部门、企业和农户三方利益相关者。翅果油树资源利用和保护过程中，管理部门主要职责是为建立生态补偿机制提供政策导向、法律法规基础和财力支持，从提供公共物品和服务角度出发实施生态补偿，是翅果油树物种资源生态补偿的公共主体。企业和农民可通过使用翅果油树资源成为经济效益及生态效益的主要受益者，是生态补偿的责任主体。

翅果油树生存的生态环境是物种资源的重要载体，生态环境的公共性及非排他性使得开发者过于追求经济利益，致使翅果油树生境遭到破坏，生态服务价值减少，生态系统功能及恢复力受到影响，因此，翅果油树及生境可作为补偿客体。

补偿方式包括直接补偿和间接补偿两种形式。直接补偿为补偿主体参考补偿标准通过直接的资金补贴或投入对客体进行生态补偿；间接补偿为主体通过非资金投入（如政策、制度和智力等形式）对客体进行保护及补偿，这类补偿虽然不如直接补偿见效快，但可作为前者的有力补充。计算得到的补偿剩余价值可作为生态补偿标准的参考依据，即补偿主体对翅果油树及其生境进行生态补偿的标准为每户每年 285.62 元。

9.4　分析与讨论

9.4.1　选择实验法在物种价值评估中的应用

生物多样性的物种价值评估近年来受到众多学者的关注，通过对物种进行经济价值的定量评价来实施生态补偿是直观且有效的物种保护途径[263]。物种资源作为自然资源，其价值与人类社会的需求和福祉密不可分。在物种价值评估及生态补偿中，如何协调人类社会的诉求是需要关注并解决的重点和难点，也是提高物种资源可持续利用及保护的重要过程[264]。本章将利益相关者理论和方法与物种价值评估实践进行有效耦合，运用选择实验法分析利益相关者的偏好及支付意愿，从而对翅果油树进行价值评估和生态补偿研究。这是对濒危物种进行价值评估的有益尝试，不仅对未来翅果油树的物种保护、产品开发和生态补偿具有重要的指导意义，而且可为其他濒危物种的相关研究和政策制定提供有效的方法和借鉴。

在选择实验法中科学确定评估对象的物种属性和属性水平是模型分析的关键环节，直接影响评估结果的优劣[265]。为了所选取的物种属性具有代表性并反映实际情况，在查阅文献和设计预调查问卷的基础上，作者通过走访翅果油树主要生长地周边的农户、翅果油树产品加工企业和相关保护管理部门，对不同利益相关群体进行访谈，结合专家意见最终确定物种属性及水平。以此为依据设计正式问卷调查并对利益相关群体进行调查，可确保受访者反馈信息真实、可靠。

综合有关野生物种价值评估的其他案例研究不难发现[266]，评估对象的差异、受访样本的大小、调查区域的范围和调查方式等都会直接影响最终价值评估结果，由于有统一的评估标准，使得不同评估案例之间缺乏对比性。如以全国城镇人口作为总样本的亚洲象价值评估结果：人均支付意愿为 116.31 元/年，总价值为 57.1×10^9 元/年[267]；而藏羚羊以羌塘地区城镇居民为总样本，人均支付意愿为 31 元/年，总价值仅为 0.116×10^9 元/年[268]。本研究选取的调查区域为翅果油树的主要分布区，受访样本均为翅果油树的利益相关者，尽可能减少取样偏差，以获取可靠数据。同时该研究得到的最终评估结果为补偿剩余价值，而不是由人均支付意愿和总样本得到总价值，既避免了受访样本大小的影响，也为当地政府生态补偿决策提供定量化依据。但是，受访者个人主观因素、宏观的社会经济和生态保护政策等仍会对评估结果产生影响，这些问题需要在未来的研究和发展中进一步探讨。

在前人研究的基础上，本章基于利益相关者视角，在筛选翅果油树物种属性、设计问卷以及发放问卷时将利益相关者和评估对象有效联系起来，保证受访群体对评估对象的认知程度。研究中所有受访者均为利益相关者，其中，75%以上的受访群体居住地为翅果油树的分布范围及附近，53%以上的受访者对翅果油树的物种价值非常了解，可保证问卷调查数据的真实性和准确性。与相关研究进行比较，这一方法可以在很大程度上降低因受访者对评估对象了解不足而产生的信息偏差[266,269]。因此，将利益相关者理论与选择实验法方法结合，可以有效地改进生物多样性物种价值评估的科学性。同时，在设计生态补偿机制时，可通过考虑不同利益相关群体的利益诉求使其具有可行性，当然这需要进一步进行政策反馈机制的深入研究。

9.4.2　条件价值法与选择实验法的比较

目前在生物多样性物种价值评估时，条件价值法（Contingent Valuation Method，CVM）仍是最普遍使用的一种成熟方法[270]。在评价某一公共商品的价值时，因这类公共商品没有市场交换与市场价格，因此无法通过市场交换和市场价格来评估其价值。西方经济学家提出通过直接询问人们对某种公共商品的支付意愿，以获得公共商品价值的方法，这就是条件价值法。该方法适用于对缺乏实际市场和替代市场交换商品的价值评估，是公共商品价值评估的一种特有的重要方法，可用于评估生物多样性的各种经济价值。对于采用条件价值法估算单一物种价值的研究，目前国内主要集中对一些旗舰保护种（如大熊猫、东北虎、藏羚羊、亚洲象等[267,271,272]）开展了研究，而对非旗舰类的保护物种研究较少且缺乏相应的方法探讨与比较。

与条件价值法相比，本章所采用的选择实验法则是一种较新的环境资源经济价值评估方法，目前该方法在国际上主要用于评估水质改善、自然保护区和野生动植物保护的经济价值。由于实验设计比较复杂，因此选择实验法在物种价值评估中的运用鲜有报道。相较而言，选择实验法不是直接询问受访者对某一环境产品的支付意愿，其研究目的不仅是估算 WTP 值，而是首先构建关于不同生态系统服务组合的问卷，可以为受访者提供多个可以选择的实验方案，让受访者权衡属性和支付意愿，从而更加科学、准确地评估受访者的选择偏好以及在不同属性水平下的支付意愿[273]。因此，其评估结果可反映出不同受访者对不同方案的偏好异质性，从而提出相应的支付意愿。总体而言，选择实验法更优于条件价值法。目前，选择实验法在环境经济领域的绝大多数研究集中在湿地、流域和自然保护地等生态系统的价值评估[274]，仍缺乏在物种价值评估中的有效运用。本章尝试采用选择实验法评估了不同利益相关者对翅果油树的偏好和支付意愿，取得了良好的评估结果，并且认为该方法可在其他濒危物种的相关研究中被借鉴和推广。

在进行物种价值评估研究中，常用的条件价值法和选择实验法通常都需要通过调查问卷的形式获取受访者的支付意愿。因此，调查问卷中问题的设计、调查样本的选取及调查范围的确定等，都会对价值评估结果产生一定影响。相关研究认为，许多受访者因对评估对象不熟悉或者不了解，以及调查范围尺度较大（全国范围），使很多受访者与评估对象之间没有利益相关性，进而导致受访者没有支付意愿[275]。因此，本研究在问卷调查阶段，采用利益相关者理论选择了受访者，可有效提高评价结果的有效性和适用性。

9.4.3　不同利益相关者对翅果油树保护与开发的偏好

本章采用随机参数 Logit 模型分析得到的参数估计值和支付意愿表明，受访者在翅果油树的保护和开发中对属性变量的偏好和支付意愿相一致，偏好较强的属性同时会有较高的支付意愿；反之，偏好较弱，支付意愿较低。

利益相关者表现出最强和最弱的偏好及支付意愿集中于"保护投入"这一属性，即对"保护增加投入"具有最强的偏好及支付意愿，对"保护不投入"则表现出完全相反的偏好和支付意愿，反映了利益相关者希望提高对翅果油树保护的重视程度，在现状基础上持续加大投入力度。

在"产品分类"这一属性中，对"高低端产品同时开发"具有较强的偏好和支付意愿，而对"低端产品开发"表现出较弱的偏好和支付意愿，反映出在翅果油树在未来的产品开发中利益相关者更倾向于走高低端产品同时开发的模式。针对高低端产品的不同目标市场和人群，引进高科技，加强宣传力度，提高资源利用率，充分发掘翅果油树的物种价值，最终实现经济、生态双重效益。

对其余属性的偏好和支付意愿依次为：农户收益＞保护投入不变＞树苗品种＞种植面积。而对"保护不投入"的偏好为负且支付意愿最小，进一步证明受访者的保护偏好。分析其原因，受访者均为利益相关者，无论是农户、企业员工，还是管理部门的工作人员，对物种保护与可持续利用之间的协调关系都有着切身体会，保护意识较强，对该物种有着强烈的保护偏好，并且愿意为进一步提高物种保护水平支付一定的费用；对产品开发类型的偏好选择，也是倾向于生物资源更节约、更可持续的开发模式。

另外，本章结果中设置的价格属性的参数值通过了 5% 水平下的显著性检验且为负值，这表明随着支付金额的增加，受访者的偏好逐渐减弱，这符合经济原理，同时与受访者自身的经济能力和收入水平有很大关系。受访者中农民群体占受访者比例的绝大多数，他们的收入水平和支付能力都很有限，虽然对增加保护投入显示出强烈偏好，但囿于自身经济能力的不足，期望能够以有限的投入获得较高的保护效率，或更多地寄希望于管理部门和企业。

9.4.4　濒危物种保护的生态补偿机制

通过界定濒危物种保护过程中生态补偿的主体和客体，设定科学合理的补偿标准，选择适当的补偿方式，形成高效且有序的生态补偿机制，可为生态补偿设计及实施提供依据。但如何解决生态补偿中利益相关者的冲突问题仍是需要进一步研究的难点[276]。

在补偿机制中，采用相互结合、相互补充的多种形式的补偿方式是连接补偿主体与补偿客体之间的关键[277]。管理部门可通过制定物种保护政策，完善法律制度，加强保护区生态环境管理等实施间接补偿；企业可通过加大宣传力度，提高产品知名度和认可度，引进高科技，提高翅果油树衍生产品的质量，延长产业链，扩大市场规模等实施间接补偿；农户可通过生态移民和转变生活方式等保护翅果油树及生境。

同时，核定生态补偿标准可为制定相应的生态环境政策提供准确、定量的信息支持[278]。本章基于选择实验法的补偿剩余价值可为生态补偿机制提供一种定量化的补偿标准计算方法。

9.4.5　基于物种价值评估的翅果油树保护与开发建议

针对翅果油树野生物种资源的保护与可持续利用，作者提出以下建议：

（1）在对翅果油树的物种保护政策制定中应遵循"保护为主，开发为辅"的原则。要把保护放在优先考虑的位置，一方面对现有的野生物种资源进行有效保护，对翅果油树自然保护区加大资金和科研投入，加强自然保护区的管理和监督，完善基础设施建设，创造有利的自然生长环境；另一方面，通过增加种植面积、扩大翅果油树物种资源量，增加物种的生态效益。

（2）从财政和政策上大力支持翅果油树的产业发展，鼓励企业的科技创新，帮助企业获得资金和技术方面的支持。在产品开发中要注重科技创新的投入，重点解决翅果油树良种培育、产品深加工等技术问题，构建完整的翅果油树产业发展支撑体系。翅果油树可作为本土生物资源得到充分发展，真正使老百姓受益。

（3）翅果油树的保护需要多方利益者的协调和共同努力。当地政府部门要加强物种保护的宣传力度，提高当地民众的生态保护意识，研究制定翅果油树物种保护和开发相关的政策并落实。企业依据受访者对"高低端产品同时开发"具有较高的偏好，企业要根据市场需求改进发展模式，一是加大科技投入，维持高端产品市场的稳定发展；二是提高资源利用率，充分地利用翅果油树物种资源，开发和扩大低端产品市场；三是要严格遵守物种保护的规章制度，在合理有度的、不破坏物种生境条件下进行开发利用。当地民众要提高主人翁意识，对翅果油树自然保护区的生态环境的状况要加强自觉监督，对破坏物种生境的行为要积极制止或及时举报；同时民众更要严格规范自身行为，严禁为了一己私利乱砍滥伐，破坏生态环境。

9.5　结论

濒危物种价值评估可为生物多样性保护提供重要政策支撑。本章以国家 II 级重点保护植物翅果油树为例，从利益相关者角度出发，基于选择实验法评价其偏好和支付意愿，进而探讨生态补偿机制的完善。

（1）基于利益相关者诉求分析筛选出翅果油树的 5 个物种属性为种植面积、产品分类、树苗品种、保护投入、农户收益，这些属性兼顾了翅果油树的物种价值，并与利益相关者紧密联系。

（2）调查样本从管理部门、企业和农户 3 个利益相关方获得，占比分别为 43%、32% 和 25%，受访样本对翅果油树的认知度较高，75% 的受访者居住地周边有翅果油树分布，53% 的受访者对物种价值非常了解，从而保证了受访样本的真实性及可靠性。

（3）采用随机参数 Logit 模型分析结果表明，受访者对不同属性变量的偏好和支付意愿相一致，对"保护增加投入"的偏好和支付意愿最强，每户为 331.00 元/年；"高低端产品同时开发"和"高端产品开发为主"次之，分别为每户 242.71 元/年和 227.57 元/年。对其余物种属性"农户收益""保护投入不变""树苗品种""种植面积"由强到弱依次表现出一定的偏好及支付意愿，而对"保护不投入"和"低端产品开发为主"偏好最弱且支付意愿为负值。

（4）生态补偿机制中包括利益相关者即管理部门、企业和农户作为补偿主体，翅果油树及生境作为补偿客体，补偿主体可通过直接补偿和间接补偿方式对翅果油树进行生态补偿，而基于随机参数 Logit 模型得到的补偿剩余价值（每户每年 285.62 元）可作为生态补偿标准的参考依据。

（5）将利益相关者与选择实验法相结合的濒危物种价值评估方法，可以为生物多样性物种价值的评估和生物多样性保护提供借鉴。

第 10 章　保护与展望

重点保护野生植物是生物多样性的重要组成部分，它们既是珍贵稀有的生物资源，具有很高的观赏、药用、食用、生产等经济价值以及重要的科学、遗传和文化价值，同时对维持生态平衡、保护环境有着至关重要的作用。随着我国社会经济的快速发展，开山修路、开矿采石、旅游开发、采卖药材等人为干扰活动日趋增强，使得重点保护野生植物的保护问题更加艰巨。鉴于重点保护植物在生物多样性保护中的特殊地位与重要意义，有效保护和合理开发这些珍贵的生物资源变得尤为关键。因此，要想从根本上保护重点保护野生植物，必须建立科学、长效、切实的保护措施。

为加大山西省野生重点保护植物的保护力度，在本研究的基础上，从以下四个方面提出山西省重点保护野生植物的保护建议与未来展望。

10.1　加强野外科考与植物普查工作

掌握野生植物的地理分布及生存现状，既是科学家们开展相关生物多样性保护研究的基础，也是政府管理部门实施切实可行的保护工作的依据。针对山西省国家级和省级重点保护野生植物，近年来学者们已经做过多次野外科学考察工作，先后出版了一些相关的专著，林业管理部门也相继组织了两次大规模的专项普查工作，但这并不代表我们对重点保护植物名录中的物植物种类已经完全认知。专业调查人员的缺乏、调查区域的不全面、调查数据的动态更新迟缓等，造成了保护工作中仍有很多疏漏之处。比如，对名录中已经收录的个别重点保护野生植物（如紫其、反曲贯众和日本紫珠），因缺乏野外调查工作，仅有一个分类学名称，并未得到它们的实际分布等信息，更无法评价它们的受威胁现状。有些物种（如沙芦草、野大豆等），其分布范围广，但因缺乏普查工作，也无法获得它们实际的分布生境范围。所以，在将来仍需要进一步加强全省重点保护野生植物甚至整个植物资源的野外调查工作，尤其对山西省重点保护野生植物名录中的物种可设置固定样地，实施长期的定位监测，为动态评估物种的受威胁现状、采取合理的就地保护或迁地保护措施提供充足的数据支持。

10.2　重视地方特有物种和极小种群的专项保护

在重点保护野生植物名录中，有些物种是因具有重要的经济应用价值，受到强烈的人类活动直接影响而处于受威胁状态，被称为"生态濒危物种"；另一些物种是种群数量稀少、分布区狭窄、生态幅狭窄的子遗物种，在长期环境演化后因适应能力较差而面临灭绝风险的物种，被称为"进化濒危物种"。这两者分别是在生态时间尺度和物种进化时间尺度中面临生存危机的物种。对于"生态濒危物种"和"进化濒危物种"，应采取有针对性的方法来进行分类保护。

在"生态濒危物种"中应特别关注一些地方特有种，如翅果油树和党参。它们虽然分布范围较广，种群数量也不小，但由于具有很高的经济价值和药用价值，使得乱采滥伐现象非常严重。其受威胁的主要原因是人为干扰。对这些地方特有种，应加大科研投入，进行大量扩繁，以满足市场和社会的需要，从而减少对野生资源的破坏。

在"进化濒危物种"中应特别关注极小种群的就地保护。它们是一些我国特有的珍稀子遗植物，在生物演化历史上处于十分重要的地位，对其开展研究工作有助于探讨生物演化的过程，对研究我国植物区系、古气候变化、古地理变化及植物系统发育具有重要的科学意义。由于它们野生种群极小、分布范围极窄且处于濒临灭绝的边缘，因此必须加强就地保护的力度，需要受到特别关注和进行优先保护，确保它们已经在自然保护区内得到有效保护，同时建立监测体系，实施长期的保护监测。

10.3　优化自然保护区的空间布局

鉴于我国的自然保护区在设立时采用的是"自下而上"的地方申请制度，顶层设计不够，缺乏全国或全省整个区域尺度上的系统保护规划，因此一些重要的亟须保护的特殊生境并未列入自然保护区建设之列。同时，许多自然保护区长期在空间上存在边界不清、土地权属不明的问题，而且与风景名胜区、森林公园等其他类型的自然保护地之间存在交叉重叠的现象，甚至与永久基本农田和原住居民所在地之间也存在交叉重叠的情况。

为解决自然保护区建设存在的诸多问题，在习近平生态文明建设思想的指导下，国务院于 2019 年 6 月正式提出了《关于建立以国家公园为主体的自然保护地体系的指导意见》，明确提出在空间上优化自然保护区，整合交叉重叠的自然保护地、归并优化相邻的自然保护地，并于 2020 年正式开始在全国范围内开展自然保护区范围及功能分区优化调整工作。

在政策性地实施自然保护区范围及功能分区优化过程中，还需要进一步加强生物多样性保护的空间优化科学研究工作。积极开展系统保护规划研究，从宏观尺度上识别生物多样性的关键地区和优先保护地区，并且通过保护空缺分析指导整合后的自然保护地的空间规划，提高自然保护地保护的有效性。对未来的国家公园的建设进程和空间规划进行系统全面的研究，确保国家公园涵盖并能科学有效地保护这些生物多样性关键地区。同时，加强气候变化影响方面的研究工作，合理规划自然保护区的空间布局，使得自然保护区能让物种适应未来可能的气候变化的影响，提高自然保护地的保护效率。

10.4　构建基于利益相关者的自然保护地社区共管机制

我国自然保护区的管理体制一直以来是一种政府单方面的、"自上而下的"管理体制，多部门的管理机制使得各部门之间互相制约，当管理中出现问题与冲突时，很难通过现行机制得以解决，由此导致自然保护区管理低效。封闭式的管理使得自然保护区与当地居民之间存在明显的冲突与矛盾，严重影响了当地经济社会的发展。

对于自然保护区内的各类资源，现实中存在多个利益相关者，既有管理部门和企业，也有社区居民，他们有着各自的利益诉求。长期以来，各个自然保护区都不同程度地忽视了当地社区居民合理的生存和发展需要，仅仅依靠行政命令及法律来解决自然保护区和当地社区的矛盾与冲突，致使保护工作投入巨大，但收效甚微。据此，人们开始尝试新的自然保护区管理方式，即把当地社区居民的生存和发展纳入自然保护区工作内容中，试图有效解决这种矛盾和冲突，最终达到共同保护的目的。实践证明，充分考虑不同利益相关者的利益诉求，构建以人为本的、共同参与式的自然保护区社区共管机制，可以取得良好的保护效果。

构建基于利益相关者的自然保护区社区共管机制，即构建多方利益相关者有机协调、平等互惠、均衡运行的自然保护区管理模式。在管理过程中，社会进步、经济发展和多方合作共同支撑并相互反馈地维持着自然资源的可持续发展。在具体实施过程中，建议通过以下不同层次的合作来实现各自的利益和整个系统的目标。

第一层次，社区群众参与自然保护区保护方案的决策、实施和评估，自然保护区的管理是一种参与式规划的管理模式。

第二层次，社区群众和保护区管理部门结成合作伙伴关系，共同讨论、协商、制订保护区规划和保护区周边社会综合发展计划，是一种共同参与保护区建设发展的运行机制。

第三层次，社区群众参与生物多样性保护管理工作，鼓励村民的参与性和自主性，而保护区管理部门则在经济、技术上协助当地社区的发展，它强调将生物多样保护与农村社区的经济发展相结合，是一种人性化的、互动的管理模式。

第四层次，社区群众参与保护区的规划、日常管理，同时社区本身在这些活动的参与过程中，获得经济发展、增强保护意识，是一种自发的、和谐的经济发展和管理模式。

参考文献

[1] 国家林业局和农业部. 国家重点保护野生植物名录（第一批），1999. http：//www.gov.cn/gongbao/ content/2000/content_60072.htm.

[2] 于永福. 国家重点保护野生植物名录（第一批）. 植物杂志，1999，151（5）：3-11.

[3] 国家环境保护局，中国科学院植物研究所. 中国珍稀濒危保护植物名录（第一册）. 北京：科学出版社，1987.

[4] 宋朝枢. 中国珍稀濒危保护植物. 北京：中国林业出版社，1989.

[5] 傅立国. 中国珍稀濒危保护植物. 上海：上海教育出版社，1989.

[6] 傅立国. 中国植物红皮书——稀有濒危植物. 北京：科学出版社，1991.

[7] 吴小巧，黄宝龙，丁雨龙. 中国珍稀濒危植物保护研究现状与进展. 南京林业大学学报（自然科学版），2004，28（2）：72-76.

[8] 刘信中，郝昕，范志刚. 依法保护和合理利用野生植物. 江西林业科技，2000（2）：39-41.

[9] 李迪强，宋延龄. 热点地区与 GAP 分析研究进展. 生物多样性，2000，8（2）：208-214.

[10] 马克平. 中国生物多样性热点地区（Hotspot）评估与优先保护重点的确定应该重视. 植物生态学报，2001，25（1）：124-125.

[11] 张殷波，马克平. 中国国家重点保护野生植物的地理分布特征. 应用生态学报，2008，19（8）：1670-1675.

[12] 苑虎，张殷波，覃海宁，等. 中国国家重点保护野生植物的就地保护现状. 生物多样性，2009，17（3）：280-287.

[13] 顾云春. 中国国家重点保护野生植物现状. 中南林业调查规划，2003，22（4）：1-7.

[14] 徐鑫磊，葛继稳，王茜茜. 湖北省国家重点保护野生植物就地保护空缺研究. 安徽农业科学，2009，37（7）：3134-3136.

[15] 林夏珍，楼炉焕. 浙江省国家重点保护野生植物资源. 浙江林学院学报，2002，19（1）：33-37.

[16] 张慧玲，李春奇，叶永忠，等. 河南省国家重点保护植物地理分布特征. 河南科学，2006，24（1）：52-55.

[17] 蔡靖，杨秀萍，姜在民. 陕西周至国家级自然保护区植物多样性研究. 西北林学院学报，2002，17（4）：19-23.

[18]　王银娥. 山西珍稀濒危植物. 北京：中国林业出版社，2004.

[19]　王银娥，张军，杨凤英，等. 山西省珍稀濒危野生植物保护对策. 山西林业科技，2006（3）：4-6.

[20]　农业部，国家林业局. 国家重点保护野生植物名录（第一批）. 中华人民共和国国务院公报，2000，39-47.

[21]　山西省人民政府. 晋政发〔2004〕45 号. 山西省第一批重点保护野生植物名录，2004.

[22]　中国植物志编委会. 中国植物志. 北京：科学出版社，2003.

[23]　刘天慰. 山西植物志：第1～3 卷. 北京：中国科学技术出版社，1992.

[24]　山西植物志编辑委员会. 山西植物志：第4、5 卷. 北京：中国科技出社，2004.

[25]　上官铁梁，马子清，谢树莲. 山西省珍稀濒危保护植物. 北京：中国科学技术出版社，1998.

[26]　吴征镒，周浙昆，孙航，等. 种子植物分布区类型及其起源和分化. 昆明：云南科技出版社，2006.

[27]　Maurer B A. Big thinking. Nature，2002，415（6871）：489-491.

[28]　方彦，谢春平. 海南岛珍稀濒危植物区系研究. 南京林业大学学报（自然科学版），2006，30（4）：138-140.

[29]　周繇. 长白山区杜鹃花科稀有濒危植物的区系特点和保护评价. 湖北大学学报（自然科学版），2006，28（4）：393-396，406.

[30]　邹新慧，何平，陈建民，等. 云南省珍稀濒危植物及国家保护植物区系成分分析. 西南师范大学学报（自然科学版），2002，27（6）：939-944.

[31]　马莉贞，潘建斌. 青海省珍稀濒危保护植物的区系研究. 西北师范大学学报（自然科学版），2012，48（2）：78-85.

[32]　王春香，肖宜安，李蕴，等. 江西省珍稀濒危植物区系特征研究. 西南大学学报（自然科学版），2007，29（10）：92-96.

[33]　陈建民，何平. 贵州省重点保护植物区系成分分析. 西南师范大学学报（自然科学版），2004，29（6）：1023-1026.

[34]　吴征镒，周浙昆，李德铢，等. 世界种子植物科的分布区类型系统. 云南植物研究，2003，25（3）：245-257.

[35]　滕崇德，窦景新. 山西省植物区系的初步分析. 武汉植物学研究，1986，4（1）：43-54.

[36]　吴征镒. 中国种子植物属的分布区类型. 云南植物研究，1991（增刊Ⅳ）：1-139.

[37]　吴征镒. 中国种子植物属的分布区类型增订和勘误. 云南植物研究，1993（增刊Ⅳ）：141-178.

[38]　王荷生. 植物区系地理. 北京：科学出版社，1992.

[39]　李跃霞，上官铁梁. 山西种子植物区系地理研究. 地理科学，2007，27（5）：724-729.

[40]　L P S，J R G，L G J，et al. The future of biodiversity. Science，1995，269（5222）：347-350.

[41]　Wilson E O. The current state of biological diversity. E O. Wilson E O. WilsonEditors，National Academy of Science Press：Washington D. C，1988.

[42] 陈灵芝. 中国的生物多样性——现状及其保护对策. 北京：科学出版社，1993.

[43] 马克平，钱迎倩，王晨. 生物多样性研究的现状与发展趋势. 科技导报，1995（1）：27-30.

[44] 成克武，臧润国. 物种濒危状态等级评价概述. 生物多样性，2004，12（5）：534-540.

[45] 张殷波，苑虎，喻梅. 国家重点保护野生植物受威胁等级的评估. 生物多样性，2011，19（1）：57-62，140.

[46] 王献溥，郭柯. 关于 IUCN 红色名录类型和标准新的修改. 植物资源与环境学报，2002，11（3）：53-56.

[47] Rodrigues A S L，Pilgrim J D，Lamoreux J F，et al. The value of the IUCN Red List for conservation. Trends in Ecology & Evolution，2006，21（2）：71-76.

[48] 汪松，解焱. 中国物种红色名录. 北京：高等教育出版社，2004.

[49] 王献溥，郭柯. 关于 IUCN 红色名录类型和标准新的修改. 植物资源与环境学报，2002，11（3）：53-56.

[50] 王献溥. 关于 IUCN 红色名录类型和标准的应用. 植物资源与环境，1996，5（3）：47-52.

[51] 周彬，王春玲，蒋宏，等. 对 IUCN 红色名录等级中"Vulnerable"一词翻译的商榷. 生物多样性，2007，15（1）：107-108.

[52] 吴文林，张利，杨在君，等. 四川鼠尾草属植物濒危等级和优先保护级别研究. 浙江大学学报（农业与生命科学版），2011，37（2）：162-168.

[53] 钟华，周彬. 国家重点保护野生植物名录中松科植物濒危状态评估. 西部林业科学，2010，39（3）：76-78.

[54] 孟锐，张丽荣，张启翔. 滇西北野生观赏植物资源受威胁因素及保护对策. 湖北大学学报（自然科学版），2011，33（3）：297-303.

[55] 陈国科，马克平. 生态系统受威胁等级的评估标准和方法. 生物多样性，2012，20（1）：66-75.

[56] 朱超，方颖，周可新，等. 生态系统红色名录——一种新的生物多样性保护工具. 生态学报，2015，35（9）：2826-2836.

[57] 王银娥，张军，杨凤英，等. 山西省珍稀濒危野生植物保护对策. 山西林业科技，2006（3）：4-6.

[58] Rodrigues A S L，Pilgrim J D，Lamoreux J F，et al. The value of the IUCN Red List for conservation. Trends in Ecology & Evolution，2006，21（2）：71-76.

[59] IUCN. IUCN Red List Categories and Criteria（Version 3. 1）. IUCN Publications Services Unit：UK，2000.

[60] 黄卫昌，周翔宇，倪子轶，等. 基于标本和分布信息评估中国虾脊兰属植物的濒危状况. 生物多样性，2015，23（4）：493-498.

[61] Willis F，Moat J，Paton A. Defining a role for herbarium data in Red List assessments：a case study of Plectranthus from eastern and southern tropical Africa. Biodiversity & Conservation，2003，12（7）：1537-1552.

[62] Balmford A，Green R E，Jenkins M. Measuring the changing state of nature. Trends in Ecology & Evolution，2003，18（7）：326-330.

[63] Myers N，Mittermeier R A，Mittermeier C G，et al. Biodiversity hotspots for conservation priorities. Nature，2000，403（6772）：853-858.

[64] Joppa L N，Visconti P，Jenkins C N，et al. Achieving the convention on biological diversity's goals for plant conservation. Science，2013，341（6150）：1100.

[65] Whittaker R J，Araújo M B，Jepson P，et al. Conservation biogeography：assessment and prospect. Diversity and Distributions，2005，11（1）：3-23.

[66] Gaston K J. Global patterns in biodiversity. Nature，2000，405（6783）：220-227.

[67] Kreft H，Jetz W. Global patterns and determinants of vascular plant diversity. Proceedings of the National Academy of Sciences，2007，104（14）：5925.

[68] Ceballos G，Ehrlich P R. Global mammal distributions，biodiversity hotspots，and conservation. Proceedings of the National Academy of Sciences，2006，103（51）：19374.

[69] Grenyer R，Orme C D L，Jackson S F，et al. Global distribution and conservation of rare and threatened vertebrates. Nature，2006，444（7115）：93-96.

[70] Zhao L，Li J，Liu H，et al. Distribution，congruence and hotspots of higher plants in China. Scientific Reports，2016，6（1）：19080.

[71] Reid W V. Biodiversity hotspots. Trends in Ecology & Evolution，1998，13（7）：275-280.

[72] Dobson A P，Rodriguez J P，Roberts W M，et al. Geographic distribution of endangered species in the United States. Science，1997，275（5299）：550.

[73] Zhang Y，Ma K. Geographic distribution patterns and status assessment of threatened plants in China. Biodiversity and Conservation，2008，17（7）：1783.

[74] Huang J，Chen J，Ying J，et al. Features and distribution patterns of Chinese endemic seed plant species. Journal of Systematics and Evolution，2011，49（2）：81-94.

[75] Lei F，Qu Y，Lu J，et al. Conservation on diversity and distribution patterns of endemic birds in China. Biodiversity & Conservation，2003，12（2）：239-254.

[76] Vanderpoorten A，Sotiaux A，Engels P. A GIS-based survey for the conservation of bryophytes at the landscape scale. Biological Conservation，2005，121（2）：189-194.

[77] Roberts C M，McClean C J，Veron J E N，et al. Marine biodiversity hotspots and conservation priorities for tropical reefs. Science，2002，295（5558）：1280.

[78] Martínez-Avalos J G，Jurado E. Geographic distribution and conservation of cactaceae from tamaulipas mexico. Biodiversity & Conservation，2005，14（10）：2483-2506.

[79] 马子清. 山西植被. 北京：中国科学技术出版社，2001.

[80] 张金屯. 山西植物地理初步研究. 山西大学学报（自然科学版），1990，13（1）：78-86.

[81] 傅坤俊. 黄土高原植物志（第一卷）. 北京：科学出版社，2000.

[82] 陕北建设委员会，西北植物研究所. 黄土高原植物志（第五卷）. 北京：科学技术文献出版社，1989.

[83] 山西省林业科学研究院. 山西树木志. 北京：中国林业出版社，2001.

[84] Funk V A，Zermoglio M F，Nasir N. Testing the use of specimen collection data and GIS in biodiversity exploration and conservation decision making in Guyana. Biodiversity & Conservation，1999，8（6）：727-751.

[85] Ponder W F，Carter G A，Flemons P，et al. Evaluation of museum collection data for use in biodiversity assessment. Conservation Biology，2001，15（3）：648-657.

[86] Sang W，Ma K，Axmacher J C. Securing a future for China's wild plant resources. BioScience，2011，61（9）：720-725.

[87] 崔国发. 自然保护区学当前应该解决的几个科学问题. 北京林业大学学报，2004，26（6）：102-105.

[88] 欧阳志云，王效科，苗鸿，等. 我国自然保护区管理体制所面临的问题与对策探讨. 科技导报，2002，20（1）：49-52.

[89] Stem C，Margoluis R，Salafsky N，et al. Monitoring and evaluation in conservation：a review of trends and approaches. Conservation Biology，2005，19（2）：295-309.

[90] 栾晓峰，黄维妮，王秀磊，等. 基于系统保护规划方法东北生物多样性热点地区和保护空缺分析. 生态学报，2009，29（1）：144-150.

[91] Joppa L N，Loarie S R，Pimm S L. On the protection of "protected areas". Proceedings of the National Academy of Sciences，2008，105（18）：6673.

[92] Jenkins C N，Joppa L. Expansion of the global terrestrial protected area system. Biological Conservation，2009，142（10）：2166-2174.

[93] Turner W R，Wilcove D S，Swain H M. Assessing the effectiveness of reserve acquisition programs in protecting rare and threatened species. Conservation Biology，2006，20（6）：1657-1669.

[94] Pawar S，Koo M S，Kelley C，et al. Conservation assessment and prioritization of areas in Northeast India：priorities for amphibians and reptiles. Biological Conservation，2007，136（3）：346-361.

[95] 葛继稳，吴金清，朱兆泉，等. 湖北省珍稀濒危植物现状及其就地保护. 生物多样性，1998，6（3）：60-68.

[96] 张毓，王庆刚，田瑜，等. 华北地区国家级自然保护区对药用维管植物的保护状况. 生物资源，2018，40（3）：193-202.

[97] 张昊楠，秦卫华，李中林，等. 中国高等植物就地保护状况评价. 生态与农村环境学报，2016，32（1）：1-6.

[98] 喻勋林，周先雁，蔡磊. 野生植物类型自然保护区保护成效评估. 中南林业科技大学学报，2015，

35（3）：32-35.

[99] Zhao S，Fang J. Patterns of species richness for vascular plants in China's nature reserves. Diversity and Distributions，2006，12（4）：364-372.

[100] 张殷波，闫瑞峰，苑虎，等. 山西省自然保护区的建设及管理对策. 山西大学学报（自然科学版），2010，33（4）：625-630.

[101] 张军，田随味，魏清华，等. 蟒河自然保护区野生植物资源调查分析. 山西林业科技，2004（4）：27-29.

[102] 卢景龙. 历山自然保护区珍稀濒危植物及其保护. 山西大学学报（自然科学版），2009，32（3）：483-486.

[103] 毕润成. 山西省五鹿山自然保护区科学考察报告. 北京：中国科学技术出版社，2009.

[104] 栾晓峰，黄维妮，王秀磊，等. 基于系统保护规划方法东北生物多样性热点地区和保护空缺分析. 生态学报，2009，29（1）：144-150.

[105] 秦卫华，蒋明康，徐网谷，等. 中国1 334种兰科植物就地保护状况评价. 生物多样性，2012，20（2）：177-183.

[106] 蒋明康，王智，朱广庆，等. 基于IUCN保护区分类系统的中国自然保护区分类标准研究. 农村生态环境，2004，20（2）：1-6，11.

[107] 喻泓，张学顺，杨晓晖，等. 基于特征属性的中国自然保护区分类体系. 应用生态学报，2007，18（10）：2289-2294.

[108] 薛达元，蒋明康. 中国自然保护区对生物多样性保护的贡献. 自然资源学报，1995，10（3）：286-292.

[109] 王智，蒋明康，秦卫华. 中国生物多样性重点保护区评价标准探讨. 生态与农村环境学报，2007，23（3）：93-96.

[110] Brooks T M，Gustavo A B D F，Ana S L R. Protected areas and species. Conservation Biology，2004，18（3）：616-618.

[111] 蒋明康，王智，秦卫华，等. 我国自然保护区内国家重点保护物种保护成效评价. 生态与农村环境学报，2006，22（4）：35-38，102.

[112] Olson D M，Dinerstein E. The global 200: a representation approach to conserving the Earth's most biologically valuable ecoregions. Conservation Biology，1998，12（3）：502-515.

[113] 陈雅涵，唐志尧，方精云. 中国自然保护区分布现状及合理布局的探讨. 生物多样性，2009，17（6）：664-674.

[114] Coates D J，Atkins K A. Priority setting and the conservation of Western Australia's diverse and highly endemic flora. Biological Conservation，2001，97（2）：251-263.

[115] Hopkinson P，Travis J M J，Evans J，et al. Flexibility and the use of indicator taxa in the selection of sites for nature reserves. Biodiversity & Conservation，2001，10（2）：271-285.

[116] Ferrier S，Pressey R L，Barrett T W. A new predictor of the irreplaceability of areas for achieving a conservation goal，its application to real-world planning，and a research agenda for further refinement. Biological Conservation，2000，93（3）：303-325.

[117] Brooks T M，Mittermeier R A，Da Fonseca G A B，et al. Global biodiversity conservation priorities. Science，2006，313（5783）：58.

[118] Myers N，Mittermeier R A，Mittermeier C G，et al. Biodiversity hotspots for conservation priorities. Nature，2000，403（6772）：853-858.

[119] Gjerde I，Setersdal M，Rolstad J，et al. Fine-scale diversity and rarity hotspots in Northern forests. Conservation Biology，2004，18（4）：1032-1042.

[120] Mittermeier R A，Myers N，Thomsen J B，et al. Biodiversity hotspots and major tropical wilderness areas：approaches to setting conservation priorities. Conservation Biology，1998，12（3）：516-520.

[121] Myers N. Threatened biotas："Hot spots" in tropical forests. Environmentalist，1988，8（3）：187-208.

[122] Possingham H P，Wilson K A. Turning up the heat on hotspots. Nature，2005，436（7053）：919-920.

[123] Orme C D L，Davies R G，Burgess M，et al. Global hotspots of species richness are not congruent with endemism or threat. Nature，2005，436（7053）：1016-1019.

[124] Ceballos G，Ehrlich P R. Global mammal distributions，biodiversity hotspots，and conservation. Proceedings of the National Academy of Sciences，2006，103（51）：19374.

[125] Jenkins C N，Pimm S L，Joppa L N. Global patterns of terrestrial vertebrate diversity and conservation. Proceedings of the National Academy of Sciences，2013，110（28）：E2602.

[126] Grenyer R，Orme C D L，Jackson S F，et al. Global distribution and conservation of rare and threatened vertebrates. Nature，2006，444（7115）：93-96.

[127] Huang J，Chen B，Liu C，et al. Identifying hotspots of endemic woody seed plant diversity in China. Diversity and Distributions，2012，18（7）：673-688.

[128] Margules C R，Pressey R L. Systematic conservation planning. Nature，2000，405（6783）：243-253.

[129] Withey J C，Lawler J J，Polasky S，et al. Maximising return on conservation investment in the conterminous USA. Ecology Letters，2012，15（11）：1249-1256.

[130] Wu R，Long Y，Malanson G P，et al. Optimized spatial priorities for biodiversity conservation in China：a systematic conservation planning perspective. Plos One，2014，9（7）：e103783.

[131] Bosso L，Rebelo H，Garonna A P，et al. Modelling geographic distribution and detecting conservation gaps in Italy for the threatened beetle Rosalia alpina. Journal for Nature Conservation，2013，21（2）：72-80.

[132] Zhang Y，Wang Y，Phillips N，et al. Integrated maps of biodiversity in the Qinling Mountains of China for expanding protected areas. Biological Conservation，2017，210：64-71.

[133] Knight A T，Cowling R M，Rouget M，et al. Knowing but not doing: selecting priority conservation areas and the research-implementation gap. Conservation Biology，2008，22（3）: 610-617.

[134] van Gils H，Conti F，Ciaschetti G，et al. Fine resolution distribution modelling of endemics in Majella National Park，Central Italy. Plant Biosystems-An International Journal Dealing with all Aspects of Plant Biology，2012，146（sup1）: 276-287.

[135] Lin S，Wu R，Hua C，et al. Identifying local-scale wilderness for on-grownel conservation actions within a global biodiversity hotspot. Scientific Reports，2016，6: 25898.

[136] Ocampo-Peñuela N，Pimm S L. Setting practical conservation priorities for birds in the Western Andes of Colombia. Conservation Biology，2014，28（5）: 1260-1270.

[137] Scott J M，Davis F，Csuti B，et al. Gap analysis: a geographic approach to protection of biological diversity. Wildlife Monographs，1993（123）: 3-41.

[138] Rodrigues A S L，Andelman S J，Bakarr M I，et al. Effectiveness of the global protected area network in representing species diversity. Nature，2004，428（6983）: 640-643.

[139] Rodrigues A S L，Akçakaya H R，Andelman S J，et al. Global gap analysis: priority regions for expanding the global protected-area network. BioScience，2004，54（12）: 1092-1100.

[140] Oldfield T E E，Smith R J，Harrop S R，et al. A gap analysis of terrestrial protected areas in England and its implications for conservation policy. Biological Conservation，2004，120（3）: 303-309.

[141] De Klerk H M，Fjeldså J，Blyth S，et al. Gaps in the protected area network for threatened Afrotropical birds. Biological Conservation，2004，117（5）: 529-537.

[142] Yip J Y，Corlett R T，Dudgeon D. A fine-scale gap analysis of the existing protected area system in Hong Kong，China. Biodiversity & Conservation，2004，13（5）: 943-957.

[143] Maiorano L，Falcucci A，Boitani L. Gap analysis of terrestrial vertebrates in Italy: priorities for conservation planning in a human dominated landscape. Biological Conservation，2006，133（4）: 455-473.

[144] Jenkins C N，Van Houtan K S，Pimm S L，et al. US protected lands mismatch biodiversity priorities. Proceedings of the National Academy of Sciences，2015，112（16）: 5081.

[145] 栾晓峰，孙工棋，曲艺，等. 基于 C-Plan 规划软件的生物多样性就地保护优先区规划——以中国东北地区为例. 生态学报，2012，32（3）: 715-722.

[146] Pressey R L，Cowling R M. Reserve selection algorithms and the real world. Conservation Biology，2001，15（1）: 275-277.

[147] Bonn A，Gaston K J. Capturing biodiversity: selecting priority areas for conservation using different criteria. Biodiversity & Conservation，2005，14（5）: 1083-1100.

[148] Ban N C，Mills M，Tam J，et al. A social-ecological approach to conservation planning: embedding social

considerations. Frontiers in Ecology and the Environment，2013，11（4）：194-202.

[149] Carwardine J，Rochester W A，Richardson K S，et al. Conservation planning with irreplaceability：does the method matter？ Biodiversity and Conservation，2007，16（1）：245-258.

[150] Ferrier S，Pressey R L，Barrett T W. A new predictor of the irreplaceability of areas for achieving a conservation goal，its application to real-world planning，and a research agenda for further refinement. Biological Conservation，2000，93（3）：303-325.

[151] Rahbek C，Graves G R. Multiscale assessment of patterns of avian species richness. Proceedings of the National Academy of Sciences，2001，98（8）：4534.

[152] Zhang M，Zhou Z，Chen W，et al. Using species distribution modeling to improve conservation and land use planning of Yunnan，China. Biological Conservation，2012，153：257-264.

[153] Wisz M S，Hijmans R J，Li J，et al. Effects of sample size on the performance of species distribution models. Diversity and Distributions，2008，14（5）：763-773.

[154] Williams P H，Margules C R，Hilbert D W. Data requirements and data sources for biodiversity priority area selection. Journal of Biosciences，2002，27（4）：327-338.

[155] 朱耿平，刘国卿，卜文俊，等. 生态位模型的基本原理及其在生物多样性保护中的应用. 生物多样性，2013，21（1）：90-98.

[156] Nakajima R，Yamakita T，Watanabe H，et al. Species richness and community structure of benthic macrofauna and megafauna in the deep-sea chemosynthetic ecosystems around the Japanese archipelago：an attempt to identify priority areas for conservation. Diversity and Distributions，2014，20（10）：1160-1172.

[157] 孙卫邦，韩春艳. 论极小种群野生植物的研究及科学保护. 生物多样性，2015，23（3）：426-429.

[158] 臧润国，董鸣，李俊清，等. 典型极小种群野生植物保护与恢复技术研究. 生态学报，2016，36（22）：7130-7135.

[159] Vimal R，Rodrigues A S L，Mathevet R，et al. The sensitivity of gap analysis to conservation targets. Biodiversity and Conservation，2011，20（3）：531-543.

[160] Zhang L，Xu W，Ouyang Z，et al. Determination of priority nature conservation areas and human disturbances in the Yangtze River Basin，China. Journal for Nature Conservation，2014，22（4）：326-336.

[161] Pressey R L，Cowling R M，Rouget M. Formulating conservation targets for biodiversity pattern and process in the Cape Floristic Region，South Africa. Biological Conservation，2003，112（1）：99-127.

[162] Crain B J，White J W，Steinberg S J. Geographic discrepancies between global and local rarity richness patterns and the implications for conservation. Biodiversity and Conservation，2011，20（14）：3489-3500.

[163] Oldfield T E E，Smith R J，Harrop S R，et al. A gap analysis of terrestrial protected areas in England and its implications for conservation policy. Biological Conservation，2004，120（3）：303-309.

[164] Sharafi S M，Moilanen A，White M，et al. Integrating environmental gap analysis with spatial conservation prioritization：a case study from Victoria，Australia. Journal of Environmental Management，2012，112：240-251.

[165] 唐小平. 我国自然保护区总体规划研究综述. 林业资源管理，2015（6）：1-9.

[166] Wang F，McShea W J，Wang D，et al. Evaluating landscape options for corridor restoration between Giant Panda Reserves. Plos One，2014，9（8）：e105086.

[167] Downes S J，Handasyde K A，Elgar M A. The use of corridors by mammals in fragmented Australian eucalypt forests. Conservation Biology，1997，11（3）：718-726.

[168] Peterman W E，Crawford J A，Kuhns A R. Using species distribution and occupancy modeling to guide survey efforts and assess species status. Journal for Nature Conservation，2013，21（2）：114-121.

[169] Ocampo-Peñuela N，PIMM S L. Setting practical conservation priorities for birds in the Western Andes of Colombia. Conservation Biology，2014，28（5）：1260-1270.

[170] Brooks T M，Bakarr M I，Boucher T，et al. Coverage provided by the global protected-area system：is it enough？ BioScience，2004，54（12）：1081-1091.

[171] Rodrigues A S L，Andelman S J，Bakarr M I，et al. Effectiveness of the global protected area network in representing species diversity. Nature，2004，428（6983）：640-643.

[172] 吕佳佳，吴建国. 气候变化对植物及植被分布的影响研究进展. 环境科学与技术，2009，32（6）：85-95.

[173] Chen I，Hill J K，Ohlemüller R，et al. Rapid range shifts of species associated with high levels of climate warming. Science，2011，333（6045）：1024.

[174] IPCC. Climate change 2013：the physical science basis. Working Group I Contribution to the Fifth Assessment Report of the Intergovernmental Panel on Climate Change，2013：Cambridge.

[175] Bergengren J C，Waliser D E，Yung Y L. Ecological sensitivity：a biospheric view of climate change. Climatic Change，2011，107（3）：433.

[176] IPBES. Climate change is a key driver for species extinction. Intergovernmental Science-Policy Platform on Biodiversity and Ecosystem Services.

[177] Parmesan C，Yohe G. A globally coherent fingerprint of climate change impacts across natural systems. Nature，2003，421（6918）：37-42.

[178] Dieleman C M，Branfireun B A，McLaughlin J W，et al. Climate change drives a shift in peatland ecosystem plant community：implications for ecosystem function and stability. Global Change Biology，2015，21（1）：388-395.

[179] Ruiz-Labourdette D，Nogués-Bravo D，Ollero H S，et al. Forest composition in Mediterranean mountains is projected to shift along the entire elevational gradient under climate change. Journal of Biogeography，

2012，39（1）：162-176.

[180] 李峰，周广胜，曹铭昌. 兴安落叶松地理分布对气候变化响应的模拟. 应用生态学报，2006，17（12）：2255-2260.

[181] 冷文芳，贺红士，布仁仓，等. 气候变化条件下东北森林主要建群种的空间分布. 生态学报，2006，26（12）：4257-4266.

[182] 吴建国，吕佳佳，周巧富. 我国珍稀濒危物种适应气候变化的对策探讨. 中国人口·资源与环境，2011，21（3）：566-570.

[183] Bellard C，Bertelsmeier C，Leadley P，et al. Impacts of climate change on the future of biodiversity. Ecology Letters，2012，15（4）：365-377.

[184] Burrows M T，Schoeman D S，Richardson A J，et al. Geographical limits to species-range shifts are suggested by climate velocity. Nature，2014，507（7493）：492-495.

[185] Colwell R K，Brehm G，Cardelús C L，et al. Global warming，elevational range shifts，and lowland biotic attrition in the wet tropics. Science，2008，322（5899）：258.

[186] 黎磊，陈家宽. 气候变化对野生植物的影响及保护对策. 生物多样性，2014，22（5）：549-563.

[187] Thomas C D，Cameron A，Green R E，et al. Extinction risk from climate change. Nature，2004，427（6970）：145-148.

[188] 吕一河，张立伟，王江磊. 生态系统及其服务保护评估：指标与方法. 应用生态学报，2013，24（5）：1237-1243.

[189] 朱耿平，刘国卿，卜文俊，等. 生态位模型的基本原理及其在生物多样性保护中的应用. 生物多样性，2013，21（1）：90-98.

[190] Araújo M B，Pearson R G，Thuiller W，et al. Validation of species-climate impact models under climate change. Global Change Biology，2005，11（9）：1504-1513.

[191] Pearson R G，Dawson T P. Predicting the impacts of climate change on the distribution of species：are bioclimate envelope models useful？ Global Ecology and Biogeography，2003，12（5）：361-371.

[192] Phillips S J，Anderson R P，Schapire R E. Maximum entropy modeling of species geographic distributions. Ecological Modelling，2006，190（3）：231-259.

[193] Merow C，Smith M J，Silander Jr J A. A practical guide to MaxEnt for modeling species' distributions：what it does，and why inputs and settings matter. Ecography，2013，36（10）：1058-1069.

[194] Padalia H，Srivastava V，Kushwaha S P S. Modeling potential invasion range of alien invasive species，Hyptis suaveolens（L.）Poit. in India：Comparison of MaxEnt and GARP. Ecological Informatics，2014，22：36-43.

[195] Falk W，Mellert K H. Species distribution models as a tool for forest management planning under climate change：risk evaluation of Abies alba in Bavaria. Journal of Vegetation Science，2011，22（4）：621-634.

[196] Zhang Y，Wang Y，Zhang M，et al. Climate change threats to protected plants of China：an evaluation based on species distribution modeling. Chinese Science Bulletin，2014，59（34）：4652-4659.

[197] Elith J，Phillips S J，Hastie T，et al. A statistical explanation of MaxEnt for ecologists. Diversity and Distributions，2011，17（1）：43-57.

[198] 王翀，林慧龙，何兰，等. 紫茎泽兰潜在分布对气候变化响应的研究. 草业学报，2014，23（4）：20-30.

[199] 车乐，曹博，白成科，等. 基于 MaxEnt 和 ArcGIS 对太白米的潜在分布预测及适宜性评价. 生态学杂志，2014，33（6）：1623-1628.

[200] 周婧，李巧云，肖亮，等. 芒和五节芒在中国的潜在分布. 植物生态学报，2012，36（6）：504-510.

[201] 张殷波，张峰. 翅果油树群落结构多样性. 生态学杂志，2012，31（8）：1936-1941.

[202] 张峰，上官铁梁. 山西翅果油树群落的多样性研究. 植物生态学报，1999，23（5）：3-5.

[203] 张峰，上官铁梁. 翅果油树群落优势种群生态位分析. 西北植物学报，2004，24（1）：70-74.

[204] 张峰，上官铁梁. 山西翅果油树群落优势种群分布格局研究. 植物生态学报，2000，24（5）：590-594.

[205] 王晓丹，郭坤，郭敬兰，等. 翅果油树叶的化学成分研究. 中草药，2017，48（2）：236-240.

[206] 冯笑笑，李娟，陈侨侨，等. 翅果油树种仁蛋白氨基酸组成分析及营养价值评价. 食品科学，2016，37（22）：160-165.

[207] 秦永燕，王祎玲，张钦弟，等. 濒危植物翅果油树种群的遗传多样性和遗传分化研究. 武汉植物学研究，2010，28（4）：466-472.

[208] 上官铁梁，张峰. 我国特有珍稀植物翅果油树濒危原因分析. 生态学报，2001，21（3）：502-505.

[209] 张永强. 翅果油树秋季播种育苗技术研究. 现代农村科技，2015（10）：32.

[210] 叶占洋，王兆山，李云晓，等. 中国特有濒危植物翅果油树的 SSR 引物开发及特性. 西北植物学报，2016，36（2）：274-279.

[211] 张峰. 珍稀濒危植物翅果油树数量生态学研究. 北京：科学出版社，2012.

[212] 谢树莲，凌元洁. 珍稀濒危植物翅果油树的生物学特性及其保护. 植物研究，1997，17（2）：33-37.

[213] 王志红，张坤，周维芝，等. 山西翅果油树资源及可持续利用研究. 山西大学学报（自然科学版），2002，25（4）：358-360.

[214] 唐继洪，程云霞，罗礼智，等. 基于 Maxent 模型的不同气候变化情景下我国草地螟越冬区预测. 生态学报，2017，37（14）：4852-4863.

[215] Moss R H，Edmonds J A，Hibbard K A，et al. The next generation of scenarios for climate change research and assessment. Nature，2010，463（7282）：747-756.

[216] Graham M H. Confronting multicol linearity in ecological multiple regression. Ecology，2003，84（11）：2809-2815.

[217] Pearson R G，Raxworthy C J，Nakamura M，et al. Predicting species distributions from small numbers of

occurrence records：a test case using cryptic geckos in Madagascar. Journal of Biogeography，2007，34（1）：102-117.

[218] 徐卫华，罗翀. MaxEnt 模型在秦岭川金丝猴生境评价中的应用. 森林工程，2010，26（2）：1-3，26.

[219] Swets J A. Measuring the accuracy of diagnostic systems. Science，1988，240（4857）：1285.

[220] 徐军，曹博，白成科. 基于 MaxEnt 濒危植物独叶草的中国潜在适生分布区预测. 生态学杂志，2015，34（12）：3354-3359.

[221] Raes N，Roos M C，Slik J W F，et al. Botanical richness and endemicity patterns of Borneo derived from species distribution models. Ecography，2009，32（1）：180-192.

[222] 乔慧捷，胡军华，黄继红. 生态位模型的理论基础、发展方向与挑战. 中国科学：生命科学，2013，43（11）：915-927.

[223] Zhang M，Zhou Z，Chen W，et al. Major declines of woody plant species ranges under climate change in Yunnan，China. Diversity and Distributions，2014，20（4）：405-415.

[224] 李国庆，刘长成，刘玉国，等. 物种分布模型理论研究进展. 生态学报，2013，33（16）：4827-4835.

[225] 曹铭昌，周广胜，翁恩生. 广义模型及分类回归树在物种分布模拟中的应用与比较. 生态学报，2005，25（8）：2031-2040.

[226] 张路. MaxEnt 最大熵模型在预测物种潜在分布范围方面的应用. 生物学通报，2015，50（11）：9-12.

[227] 杨利艳，卢英梅，吉晋芳. 温度对翅果油树种子萌发的影响. 山西师范大学学报（自然科学版），2003，17（4）：72-74.

[228] Bateman B L，VanDerWal J，Williams S E，et al. Biotic interactions influence the projected distribution of a specialist mammal under climate change. Diversity and Distributions，2012，18（9）：861-872.

[229] 许仲林，彭焕华，彭守璋. 物种分布模型的发展及评价方法. 生态学报，2015，35（2）：557-567.

[230] Bradie J，Leung B. A quantitative synthesis of the importance of variables used in MaxEnt species distribution models. Journal of Biogeography，2017，44（6）：1344-1361.

[231] 齐增湘，徐卫华，熊兴耀，等. 基于 MaxEnt 模型的秦岭山系黑熊潜在生境评价. 生物多样性，2011，19（3）：343-352，398.

[232] Parmesan C. Ecological and evolutionary responses to recent climate change. Annual Review of Ecology，Evolution，and Systematics，2006，37（1）：637-669.

[233] Wilson R J，Gutiérrez D，Gutiérrez J，et al. An elevational shift in butterfly species richness and composition accompanying recent climate change. Global Change Biology，2007，13（9）：1873-1887.

[234] 王国祥. 山西森林. 北京：中国林业出版社，1992.

[235] 杨克明，刘珍贵，杨天恩，等. 高寒阴湿山区翅果油树引种育苗与造林试验. 经济林研究，2010，28（4）：104-107.

[236] 杨文忠，康洪梅，向振勇，等. 极小种群野生植物保护的主要内容和技术要点. 西部林业科学，2014，

43（5）：24-29.

[237] Laurila-Pant M，Lehikoinen A，Uusitalo L，et al. How to value biodiversity in environmental management？ Ecological Indicators，2015，55：1-11.

[238] Hooper D U，Chapin III F S，Ewel J J，et al. Effects of biodiversity on ecosystem functioning：a consensus of current knowledge. Ecological Monographs，2005，75（1）：3-35.

[239] Ring I，Hansjürgens B，Elmqvist T，et al. Challenges in framing the economics of ecosystems and biodiversity：the TEEB initiative. Current Opinion in Environmental Sustainability，2010，2（1）：15-26.

[240] Capmourteres V，Anand M. "Conservation value"：a review of the concept and its quantification. Ecosphere，2016，7（10）：e01476.

[241] 叶有华，付岚，李鑫，等. 珍稀濒危动植物资源资产价值核算体系研究. 生态环境学报，2017，26（5）：808-815.

[242] 顾垒，闻丞，罗玫，等. 中国最受关注濒危物种保护现状快速评价的新方法探讨. 生物多样性，2015，23（5）：583-590.

[243] Wilson H B，Joseph L N，Moore A L，et al. When should we save the most endangered species？ Ecology Letters，2011，14（9）：886-890.

[244] 马国勇，陈红. 基于利益相关者理论的生态补偿机制研究. 生态经济，2014，30（4）：33-36，49.

[245] 张风春，刘文慧. 生物多样性保护多方利益相关者参与现状与机制构建研究. 环境保护，2015，43（5）：29-33.

[246] Christie M，Hanley N，Warren J，et al. Valuing the diversity of biodiversity. Ecological Economics，2006，58（2）：304-317.

[247] Hanley N，Wright R E，Adamowicz V. Using choice experiments to value the environment. Environmental and Resource Economics，1998，11（3）：413-428.

[248] 龚亚珍，韩炜，Bennett M，等. 基于选择实验法的湿地保护区生态补偿政策研究. 自然资源学报，2016，31（2）：241-251.

[249] 张小红，张政. 选择实验法评估湘江流域重金属污染治理价值实证研究. 资源开发与市场，2014，30（4）：409-412.

[250] 王乙，高忠燕，田国双. 选择实验法在野生动物生态游憩价值评价中的应用——以扎龙国家级自然保护区丹顶鹤为例. 东北林业大学学报，2018，46（4）：92-96.

[251] 马爱慧，张安录. 选择实验法视角的耕地生态补偿意愿实证研究——基于湖北武汉市问卷调查. 资源科学，2013，35（10）：2061-2066.

[252] 樊辉，赵敏娟，史恒通. 选择实验法视角的生态补偿意愿差异研究——以石羊河流域为例. 干旱区资源与环境，2016，30（10）：65-69.

[253] 覃海宁，杨永，董仕勇，等. 中国高等植物受威胁物种名录. 生物多样性，2017，25（7）：696-744.

[254] 董志，张飞云，闫桂琴. 濒危植物翅果油树的研究进展及其开发前景. 首都师范大学学报（自然科学版），2005，26（3）：65-67，75.

[255] Johnston R J. Choice experiments，site similarity and benefits transfer. Environmental and Resource Economics，2007，38（3）：331-351.

[256] Johnston R J，Rosenberger R S. Methods，trends and controversies in contemporary benefit transfer. Journal of Economic Surveys，2010，24（3）：479-510.

[257] 刘莹立. 基于选择实验法的物种价值评估与保护研究. 太原：山西大学，2018.

[258] Boxall P C，Adamowicz W L，Swait J，et al. A comparison of stated preference methods for environmental valuation. Ecological Economics，1996，18（3）：243-253.

[259] Train K E. Recreation demand models with taste differences over people. Land Economics，1998，74（2）：230-239.

[260] 李荣，陈莉，王平鲜. 过度离散型数据的统计模拟与分析. 经济数学，2016，33（1）：72-75.

[261] Morrison M，Bennett J，Blamey R，et al. Choice modeling and tests of benefit transfer. American Journal of Agricultural Economics，2002，84（1）：161-170.

[262] Hanemann W M. Discrete/continuous models of consumer demand. Econometrica，1984，52（3）：541-561.

[263] 杜乐山，李俊生，刘高慧，等. 生态系统与生物多样性经济学（TEEB）研究进展. 生物多样性，2016，24（6）：686-693.

[264] Chen H，He L，Li P，et al. Relationship of stakeholders in protected areas and tourism ecological compensation：a case study of Sanya Coral Reef National Nature Reserve in China. Journal of Resources and Ecology，2018，9（2）：164-173.

[265] 郗敏，郗厚叶，王庆改，等. 基于选择实验法的胶州湾滨海湿地生态补偿标准研究. 北京师范大学学报（自然科学版），2018，54（1）：118-124.

[266] 张殿波，刘莹立，杜乐山，等. 褐马鸡非使用价值评估及影响因素. 生态学报，2018，38（7）：2579-2587.

[267] 刘欣，马建章. 基于条件价值评估法的中国亚洲象存在价值评估. 东北林业大学学报，2012，40（3）：108-112.

[268] 鲁春霞，刘铭，冯跃，等. 羌塘地区草食性野生动物的生态服务价值评估——以藏羚羊为例. 生态学报，2011，31（24）：7370-7378.

[269] 郝林华，陈尚，王二涛，等. 基于条件价值法评估三亚海域生态系统多样性及物种多样性的维持服务价值. 生态学报，2018，38（18）：6432-6441.

[270] 谢世林，史雪威，彭文佳，等. 我国重点保护动植物物种价值评估. 生态学报，2018，38（21）：7565-7571.

[271] 宗雪，崔国发，袁婧. 基于条件价值法的大熊猫（Ailuropoda melanoleuca）存在价值评估. 生态学报，2008，28（5）：2090-2098.

[272] 周学红，马建章，张伟. 我国东北虎保护的经济价值评估——以哈尔滨市居民的支付意愿研究为例. 东北林业大学学报，2007，35（5）：81-83，86.

[273] Brouwer R，Bliem M，Getzner M，et al. Valuation and transferability of the non-market benefits of river restoration in the Danube river basin using a choice experiment. Ecological Engineering, 2016, 87: 20-29.

[274] 王尔大，李莉，韦健华. 基于选择实验法的国家森林公园资源和管理属性经济价值评价. 资源科学，2015，37（1）：193-200.

[275] Veisten K. Contingent valuation controversies：philosophic debates about economic theory. The Journal of Socio-Economics，2007，36（2）：204-232.

[276] Brown M A，Clarkson B D，Barton B J，et al. Implementing ecological compensation in New Zealand：stakeholder perspectives and a way forward. Journal of the Royal Society of New Zealand，2014，44（1）：34-47.

[277] 苏婷婷，陈吉利. 论我国国家公园生态补偿机制的构建. 中南林业科技大学学报（社会科学版），2019，13（4）：8-13，25.

[278] 赵雪雁，董霞. 最小数据方法在生态补偿中的应用——以甘南黄河水源补给区为例. 地理科学，2010，30（5）：748-754.

附录1 山西省重点保护野生植物物种名录

编号	科名	中文种名	拉丁学名	保护级别
01	红豆杉科（Taxaceae）	红豆杉	*Taxus wallichiana* var.*chinensis*	国家Ⅰ级
02	红豆杉科（Taxaceae）	南方红豆杉	*Taxus wallichiana* var. *mairei*	国家Ⅰ级
03	连香树科（Cercidiphyllaceae）	连香树	*Cercidiphyllum japonicum*	国家Ⅱ级
04	豆科（Leguminosae）	野大豆	*Glycine soja*	国家Ⅱ级
05	椴树科（Tiliaceae）	紫椴	*Tilia amurensis*	国家Ⅱ级
06	胡颓子科（Elaeagnaceae）	翅果油树	*Elaeagnus mollis*	国家Ⅱ级
07	木犀科（Oleaceae）	水曲柳	*Fraxinus mandschurica*	国家Ⅱ级
08	禾本科（Gramineae）	沙芦草	*Agropyron mongolicum*	国家Ⅱ级
09	紫萁科（Osmundaceae）	紫萁	*Osmunda japonica*	省级
10	鳞毛蕨科（Dryoperidaceae）	反曲贯众	*Cyrtomium recurvum*	省级
11	松科（Pinaceae）	臭冷杉	*Abies nephrolepis*	省级
12	麻黄科（Ephedraceae）	木贼麻黄	*Ephedra equisetina*	省级
13	杨柳科（Salicaceae）	冬瓜杨	*Populus purdomii*	省级
14	桦木科（Betulaceae）	铁木	*Ostrya japonica*	省级
15	壳斗科（Fagaceae）	匙叶栎	*Quercus dolicholepis*	省级
16	榆科（Ulmaceae）	脱皮榆	*Ulmus lamellosa*	省级

编号	科名	中文种名	拉丁学名	保护级别
17	榆科（Ulmaceae）	青檀	*Pteroceltis tatarinowii*	省级
18	桑科（Moraceae）	异叶榕	*Ficus heteromorpha*	省级
19	领春木科（Eupteleaceae）	领春木	*Euptelea pleiosperma*	省级
20	毛茛科（Ranunculaceae）	宁武乌头	*Aconitum ningwuense*	省级
21	毛茛科（Ranunculaceae）	山西乌头	*Aconitum smithii*	省级
22	毛茛科（Ranunculaceae）	楔裂美花草	*Callianthemum cuneilobum*	省级
23	樟科（Lauraceae）	山胡椒	*Lindera glauca*	省级
24	樟科（Lauraceae）	山橿	*Lindera reflexa*	省级
25	樟科（Lauraceae）	木姜子	*Litsea pungens*	省级
26	景天科（Crassulaceae）	红景天	*Rhodiola rosea*	省级
27	金缕梅科（Hamamelidaceae）	山白树	*Sinowilsonia henryi*	省级
28	豆科（Leguminosae）	堇花槐	*Sophora japonica* var. *violacea*	省级
29	豆科（Leguminosae）	窄叶槐	*Sophora angustifoliola*	省级
30	芸香科（Rutaceae）	竹叶花椒	*Zanthoxylum armatum*	省级
31	漆树科（Anacardiaceae）	漆树	*Toxicodendron vernicifluum*	省级
32	省沽油科（Staphyleaceae）	省沽油	*Staphylea bumalda*	省级
33	省沽油科（Staphyleaceae）	膀胱果	*Staphylea holocarpa*	省级
34	槭树科（Aceraceae）	细裂槭	*Acer pilosum* var. *stenolobum*	省级
35	槭树科（Aceraceae）	血皮槭	*Acer griseum*	省级
36	无患子科（Sapindaceae）	文冠果	*Xanthoceras sorbifolia*	省级
37	清风藤科（Sabiaceae）	泡花树	*Meliosma cuneifolia*	省级

编号	科名	中文种名	拉丁学名	保护级别
38	清风藤科（Sabiaceae）	暖木	*Meliosma vertchiorum*	省级
39	猕猴桃科（Actinidiaceae）	狗枣猕猴桃	*Actinidia kolomikta*	省级
40	猕猴桃科（Actinidiaceae）	软枣猕猴桃	*Actinidia arguta*	省级
41	大风子科（Flacourtiaceae）	山桐子	*Idesia polycarpa*	省级
42	五加科（Araliaceae）	刺楸	*Kalopanax septemlobus*	省级
43	山茱萸科（Cornaceae）	山茱萸	*Cornus officinalis*	省级
44	山茱萸科（Cornaceae）	四照花	*Dendrobenthamia japonica* var. *chinensis*	省级
45	杜鹃花科（Ericaceae）	迎红杜鹃	*Rhododendron mucronulatum*	省级
46	白花丹科（Plumbaginaceae）	角柱花	*Ceratostigma plumbaginoides*	省级
47	野茉莉科（Styracaceae）	野茉莉	*Styrax japonicus*	省级
48	野茉莉科（Styracaceae）	芬芳安息香	*Styrax odoratissimus*	省级
49	野茉莉科（Styracaceae）	老鸹铃	*Styrax hemsleyanus*	省级
50	木犀科（Oleaceae）	流苏树	*Chionanthus retusus*	省级
51	夹竹桃科（Apocynaceae）	络石	*Trachelospermum jasminoides*	省级
52	马鞭草科（Verbenaceae）	日本紫珠	*Callicarpa japonica*	省级
53	马鞭草科（Verbenaceae）	窄叶紫珠	*Callicarpa membranacea*	省级
54	忍冬科（Caprifoliaceae）	蝟实	*Kolkwitzia amabilis*	省级
55	忍冬科（Caprifoliaceae）	锦带花	*Weigela florida*	省级
56	桔梗科（Campanulaceae）	党参	*Codonopsis pilosula*	省级
57	桔梗科（Campanulaceae）	桔梗	*Platycodon grandiflorus*	省级

附录 2　IUCN 物种红色名录的极危、濒危及易危标准

评价标准	极危（CR）	濒危（EN）	渐危（VU）
A. 基于下列 1～4 项中任何一项，种群大小减小			
1. 如果导致种群减小的因素明显可逆转、已被了解并已消失，根据 a）直接观察，b）适合分类群的多度指数，c）占有面积、出现范围和/或栖息地质量下降，d）实际或可能的扩展能力，e）引入种、杂交、病原体、污染物、竞争或寄生生物的影响等 5 项中的任何一项，观察、估计、推断或想象种群在过去 10 年或 3 个世代（以时间长者为准）减小的幅度	≥90%	≥70%	≥50%
2. 如果种群减小或导致种群减小的原因可能没有停止，或者可能还不被了解，或者不可逆转，根据 A1 a）—e）[即上述 a）—e）中的任何一项]，观察、估计、推断或想象种群在过去 10 年或 3 个世代（以时间长者为准）减小的幅度	≥80%	≥50%	≥30%
3.根据 A1 b）—e）中的任何一项，推断或预测种群在未来 10 年或 3 个世代（以时间长者为准，最长为 100 年）内减小的幅度	≥80%	≥50%	≥30%
4. 如果种群减小或导致种群减小的原因可能没有停止，或者可能还不被了解，或者不可逆转，根据 A1 a）—e）中的任何一项，观察、估计、推断或想象种群在任何 10 年或 3 个世代（以时间长者为准，最长为 100 年，且时间跨度必须包含过去和未来）减小的幅度	≥80%	≥50%	≥30%
B. 种群的地理范围以出现范围 B1、占有面积 B2 的二者的形式之一或同时符合下列条件：			
1. 估计至少具有下列 a—c 中的 2 项，并且出现范围估计为：	≤100 km²	≤5 000 km²	≤20 000 km²
a. 严重碎化，或者已知地点数目为：	1	<5	<10
b. 观察、推断或预测下列任何一项持续下降（或减小）：i）出现范围；ii）占有面积；iii）栖息地面积、范围和/或质量；iv）分布地点数或亚种群数；v）成熟个体数	—	—	—
c. 下列任何一项的极端波动：i）出现范围；ii）占有面积；iii）分布地点数或亚种群数；iv）成熟个体数	—	—	—

评价标准	极危（CR）	濒危（EN）	渐危（VU）
2. 估计至少具有下列 a—c 中的 2 项，并且占有面积估计为：	≤10 km²	≤500 km²	≤2 000 km²
a. 严重碎化，或者已知地点数目为：	1	<5	<10
b. 观察、推断或预测下列任何一项持续下降（或减小）：i）出现范围；ii）占有面积；iii）栖息地面积、范围和/或质量；iv）分布地点数或亚种群数；v）成熟个体数	—	—	—
c. 下列任何一项的极端波动：i）出现范围；ii）占有面积；iii）分布地点数或亚种群数；iv）成熟个体数	—	—	—
C. 符合下列条件之一，并且种群大小（成熟个体数）估计为：	≤250	≤2 500	≤10 000
1. 估计种群持续下降的时间跨度（选项中以时间长者为准，最长到未来 100 年）和下降幅度为：	在 3 年或 1 个世代内，下降 25%以上	在 5 年或 2 个世代内，下降 20%以上	在 10 年或 3 个世代内，下降 10%以上
2. 观察、推断或预测成熟个体数持续减少，并且至少符合下列 a 和 b 中的一项	—	—	—
a. 种群结构符合下列条件之一：	—	—	—
i）估计亚种群的成熟个体数为：	≤50	≤250	≤1 000
ii）一个亚种群中的成熟个体数达到种群个体总数的：	90%以上	95%以上	100%
b. 成熟个体数极端波动	—	—	—
D. 种群大小（成熟个体数）估计为：	≤50	≤250	≤1 000，或其他
E. 数据分析显示野外灭绝的概率为：（时间选项中以时间长者为准，最长到未来 100 年）	在 10 年或 3 个世代内为 50%以上	在 20 年或 5 个世代内为 20%以上	100 年内为 10%以上

（引自《中国物种红色名录》）

注：评估一分类群是否属于易危（VU）的 D 标准：

D. 种群很小或局限于下列 2 种情形之一：

① 种群大小估计为成熟个体数目不足 1 000。

② 种群占有十分局限的面积（典型情形是不足 20 km²）或种群的分布地点数很少（典型的是不足 5 个地点），因此，在未来某一很短的时期内，种群容易受到人类活动或偶然事件的影响，从而可能在很短时期内变成极度濒危甚至灭绝。

附录3 山西省重点保护野生植物的受威胁等级

编号	植物名称	保护等级	评估结果	评价标准	受威胁原因
1	紫萁	省级	DD	—	—
2	反曲贯众	省级	DD	—	—
3	臭冷杉	省级	EN	B2ab（ii，iii，iv）	山西是臭冷杉的分布南限。对生境要求严格，种群数量很少，仅见于五台山北坡局部地段
4	红豆杉	国家Ⅰ级	CR	B2ab（ii，iii，iv，v）	山西省是红豆杉的分布北限。分布区极其有限，种群数量很少，生长零散，仅在中条山沁水东川避暑坎有野生分布
5	南方红豆杉	国家Ⅰ级	CR	A2c	山西是南方红豆杉的分布北限。对生境条件要求较严，多呈斑状或零散生长，历史上乱砍滥伐现象严重
6	木贼麻黄	省级	VU	B2a	对生境条件要求较严，可药用和观赏，个体数量有逐年减少的趋势
7	冬瓜杨	省级	CR	A2c；B2ab（i，ii，iii，iv，v）	在山西分布范围较小，野生种群数量少，对生境条件的要求较严，有野外灭绝的可能
8	铁木	省级	VU	A2c；B2ab（ii，iii，v）	在山西分布范围较小，野生种群数量少，对生境条件要求较严。由于砍伐破坏，个体数量有逐年减少的趋势
9	匙叶栎	省级	CR	B2ab（ii，iii，v）	在山西仅分布于中条山，分布零星，种群数量少；历史上乱砍滥伐造成资源破坏严重
10	脱皮榆	省级	VU	A2c；B2ab（ii，iii，v）	生长零散，种群数量极少；历史上乱砍滥伐使种群受到威胁
11	青檀	省级	EN	A2c；B2ab（ii，iii，v）c（ii，iv）	历史上乱砍滥伐使种群受到威胁，濒临灭绝

编号	植物名称	保护等级	评估结果	评价标准	受威胁原因
12	异叶榕	省级	CR	B2a	在山西为稀有种，生境要求严格，分布范围狭小，个体数量较少，且零散分布
13	领春木	省级	EN	B2ab（i，ii，iii，iv）	在山西仅分布于中条山东段，种群数量很少；历史上，人为活动使生境遭到不同程度破坏
14	连香树	国家Ⅱ级	CR	A2c；B1ab（ii，iii）	在山西中条山局部小生境中残存，种群数量极少
15	宁武乌头	省级	EN	B2ab（ii，iii）	分布范围较为狭小，种群数量较少，处于濒危状态
16	山西乌头	省级	EN	B2ab（ii，iii）	分布范围极为狭小，因其具有药用价值而被采挖，处于濒危状态
17	楔裂美花草	省级	EN	B2ab（iii，v）	种群分布区极为局限，数量极少
18	山胡椒	省级	EN	A2c；B2ab（ii，iii）	仅在山西中条山东段有少量分布；历史上，人为活动干扰使种群受到影响，处于濒危状态
19	山橿	省级	EN	B2ab（iii，v）	历史上，森林砍伐致使其受威胁，种群分布逐渐缩小，处于濒危状态
20	木姜子	省级	VU	A2c；B2a	在山西仅分布于中条山和太行山南段，对生境条件要求严格；历史上乱砍滥伐使其生境遭到严重破坏
21	红景天	省级	VU	A2c；B2ab（i，ii）	在山西为稀有种，分布范围狭小，种群数量极少
22	山白树	省级	VU	A2c；B2a	山西中条山为其分布的北限，分布范围狭窄，对生境条件要求很严，个体数量极少；历史上，乱砍滥伐加剧了种群减少的趋势
23	野大豆	国家Ⅱ级	VU	A2c；B1b（ii，iii）	山西各地均有分布，生存环境极易受到人为和自然因素的干扰
24	堇花槐	省级	CR	A2ac；B2a（i，ii，iii，iv，v）；D；E	山西目前仅见1株，位于运城市新绛县阳王镇苏阳村
25	窄叶槐	省级	CR	A2ac；B2a（i，ii，iii，iv，v）；D；E	山西特有种，每年开花但不结果，仅见1株，位于运城市万荣县荣河镇谢村

编号	植物名称	保护等级	评估结果	评价标准	受威胁原因
26	竹叶花椒	省级	VU	A2c；B2ab(ii, iii)	山西为竹叶花椒分布的北限，分布范围狭窄，对生境要求很严，生长零散，个体数量较少
27	漆树	省级	VU	A2c；B2b（iii）	在山西分布虽较广，但对生境条件要求较严格，常呈星散分布。历史上，长期割漆对种群数量影响明显
28	省沽油	省级	VU	A2c；B2ab（ii, iii）	分布零星，种群数量少；历史上，人类对其生境的破坏导致个体数量有显著减少的趋势
29	膀胱果	省级	VU	A2c；B2ab（ii, iii）	在山西多为零星生长，对生境要求十分严格，个体数量日趋减少
30	细裂槭	省级	EN	A2c；B2ab（i, ii）	山西特有种，分布范围狭窄，生态要求严格，生长零散，个体数量较少
31	血皮槭	省级	EN	A2c；B2ab（ii, iii）	分布区狭小，生境类型特殊，种群数量较少，加之分布区生境受到严重破坏，已处于濒危状态之中
32	文冠果	省级	VU	A2c；B2a	分布星散，植株数量少，处于渐危状态
33	泡花树	省级	EN	A2c；B2b（ii, iii, v）	对生态环境要求十分严格，个体数量很少，处于濒危状态
34	暖木	省级	EN	A2c；B2ab（ii, iii）	山西稀有种，种群数量很少，对生境条件要求十分严格，已处于濒危状态
35	紫椴	国家Ⅱ级	VU	A2c；B2b（ii, iii）	在山西分布范围极其狭小，种群数量很少，种群密度低，加之森林砍伐破坏，已处于濒危状态
36	狗枣猕猴桃	省级	EN	A2c；B2ab（ii, iii）	在山西分布范围较小，种群数量少，处于濒危状态
37	软枣猕猴桃	省级	VU	A2c；B2ab（ii, iii）	种群分布范围有限，生境条件要求严格，种群数量少，处于濒危状态
38	山桐子	省级	CR	A2c；B2a（ii, iii）	分布范围极其有限，生境条件要求严格，种群数量很少，受人类活动的影响，有逐年减少的趋势

编号	植物名称	保护等级	评估结果	评价标准	受威胁原因
39	翅果油树	国家Ⅱ级	VU	A2c；B2ab（i, ii, iii）	山西及陕西特有种，分布区狭小，生境条件恶劣，受人类活动影响较大，砍伐破坏严重，分布面积有逐渐减少的趋势
40	刺楸	省级	VU	A2c；B2ab（i, ii, iii）	在山西分布范围狭小，种群数量较小
41	山茱萸	省级	VU	A2c；B2ab（i, ii, iii）	天然分布面积很小，种群数量少；历史上，人类活动致使生境破坏，处于渐危状态
42	四照花	省级	EN	A2c；B2ab（i, ii, iii）	在山西分布范围狭小，种群数量较少，对生境条件要求较严，人为活动影响较大，处于濒危状态
43	迎红杜鹃	省级	EN	A2c；B2ab（i, ii）	为山西省稀有种，由于自然环境条件的局限，仅见于个别地段，且种群数量很少，使种群处于濒危状态
44	角柱花	省级	EN	B2b（i, ii）	为山西稀有种，具有热带性质的残遗植物，对生境条件要求严格，仅孤立残存了很小的分布范围，种群数量少
45	野茉莉	省级	EN	A2c；B2ab（i, ii, iii）	分布面积非常狭小，加之人类活动干扰，已处于濒危状态
46	芬芳安息香	省级	EN	A2c；B2a	在山西分布的种群数量很少，为珍稀植物
47	老鸹铃	省级	EN	A2c	山西稀有植物；受自然环境限制，种群数量少，分布面积小，已处于濒危状态
48	水曲柳	国家Ⅱ级	EN	A2c；B2b（ii, iii）	优质木材，可制作高档家具和工艺品；历史上，由于乱砍滥伐严重，处于濒危状态
49	流苏树	省级	VU	B2b（i, ii, iii）	由于长期频繁的砍伐和樵采，分布面积和种群数量已显著减少，处于渐危状态
50	络石	省级	EN	A2c	为山西省极为稀少的常绿匍匐藤本植物，生存环境要求严，分布范围极其狭小，个体数量较少，生长零散

编号	植物名称	保护等级	评估结果	评价标准	受威胁原因
51	日本紫珠	省级	DD	—	—
52	窄叶紫珠	省级	VU	A2c；B2b（ii，iii）	在山西见于中条山东段和太行山南段，种群数量较少，对生境条件要求严格，由于人类经济活动和生态环境的变化，处于濒危状态
53	蝟实	省级	VU	A2c；B2ab（i，ii，iii）	分布区的森林或灌丛长期受人类活动影响，使其种群数量逐渐减少，处于濒危状态
54	锦带花	省级	EN	B2ab（i，ii）	在山西分布范围狭小，种群数量少
55	党参	省级	VU	A2c；B2b（i，ii，iii）	药用植物，已大量人工种植，但野生种仍被继续挖掘，其个体数量日趋减少，处于濒危状态
56	桔梗	省级	VU	A2c；B2b（i，ii，iii）	药用植物，由于长期的大量采挖，种群数量大大减少，分布区正在不断缩小
57	沙芦草	国家Ⅱ级	VU	A2c；B2ab（ii，iii）	由于生境条件较为恶劣，加之过度放牧，种群数量不断减少，处于渐危状态

附录 4　山西省自然保护区名录

序号	保护区名称	所在市	行政区域	面积/hm²	主要保护对象	类型	级别	建立时间	主管部门
晋 01	天龙山	太原市	晋源区	2 867	金雕（Aquila chrysaetos）、褐马鸡（Crossoptilon mantchuricum）及森林生态系统	森林生态	省级	1993/1/20	林业
晋 02	凌井沟	太原市	阳曲县	24 920	褐马鸡、金钱豹（Panthera pardus）及森林生态系统	森林生态	省级	2002/6/20	林业
晋 03	汾河上游	太原市	娄烦县	27 000	褐马鸡、金钱豹及森林生态系统	森林生态	省级	2002/6/20	林业
晋 04	云顶山	太原市	娄烦县	23 029	褐马鸡、金钱豹及森林生态系统	森林生态	省级	2002/6/20	林业
晋 05	六棱山	大同市	阳高县、浑源县、广灵县	12 000	落叶阔叶林、针阔混交林	森林生态	省级	2005/12/6	林业
晋 06	壶流河湿地	大同市	广灵县	11 234	黑鹳（Ciconia nigra）等珍禽及湿地生态系统	内陆湿地	省级	2007/12/28	林业
晋 07	灵丘黑鹳	大同市	灵丘县	134 667	黑鹳（Ciconia nigra）、青檀（Pteroceltis tatarinowii）及森林生态系统	野生动物	省级	2002/6/20	林业
晋 08	恒山	大同市	浑源县	11 497	华北驼绒藜（Ceratoides arborescens）及森林生态系统	森林生态	省级	2005/12/06	林业
晋 09	药林寺—冠山	运城市	平定县	11 017	金钱豹、青檀及森林生态系统	野生动物	省级	2002/6/20	林业
晋 10	中央山	长治市	黎城县	32 671	金钱豹及森林生态系统	森林生态	省级	2002/6/20	林业
晋 11	浊漳河	长治市	沁县	14 200	森林生态系统及水源地	森林生态	省级	2002/6/20	林业
晋 12	灵空山	长治市	沁源县	1 334	森林及野生动植物	森林生态	国家级	1993/1/20	林业

序号	保护区名称	所在市	行政区域	面积/hm²	主要保护对象	类型	级别	建立时间	主管部门
晋13	崦山	晋城市	阳城县	10 009	森林生态系统	森林生态	省级	2002/6/20	林业
晋14	阳城蟒河猕猴	晋城市	阳城县	5 600	猕猴（*Macaca mulatta*）、大鲵（*Andrias davidianus*）及暖温带森林植被	野生动物	国家级	1983/12/26	林业
晋15	陵川南方红豆杉	晋城市	陵川县	21 440	南方红豆杉（*Taxus chinensis*）、金钱豹等珍稀动植物	野生动物	省级	2002/6/20	林业
晋16	泽州猕猴	晋城市	泽州县	93 775	猕猴及森林生态系统	野生动物	省级	2002/6/20	林业
晋17	桑干河	朔州市	朔城区、怀仁县、大同县、阳高县、天镇县	69 583	迁徙水禽及其生境	野生动物	省级	2002/6/20	林业
晋18	紫金山	朔州市	朔城区	11 420	天然次生林	森林生态	省级	2002/6/20	林业
晋19	南山	朔州市	应县	27 426	华北落叶松林	森林生态	省级	2002/6/20	林业
晋20	八缚岭	晋中市	榆次区	15 267	金钱豹及森林生态系统	森林生态	省级	2002/6/20	林业
晋21	孟信垴	晋中市	左权县	39 047	金钱豹及森林生态系统	森林生态	省级	2002/6/20	林业
晋22	铁桥山	晋中市	和顺县	35 352	金钱豹、油松（*Pinus tabulaeformis*）次生林	森林生态	省级	2002/6/20	林业
晋23	四县脑	晋中市	祁县	16 000	金钱豹、黄羊（*Procapra gutturosa*）及森林生态系统	森林生态	省级	2002/6/20	林业
晋24	超山	晋中市	平遥县	18 560	森林生态系统	森林生态	省级	2002/6/20	林业
晋25	韩信岭	晋中市	灵石县	16 054	森林生态系统及珍稀动植物	森林生态	省级	2002/6/20	林业
晋26	绵山	晋中市	介休市	17 827	天然油松林、金钱豹等珍稀动植物	森林生态	省级	1993/1/20	林业
晋27	运城湿地	运城市	运城市	86 861	天鹅（*Cygnus* spp.）等珍禽及其越冬栖息地	野生动物	省级	1993/1/20	林业
晋28	涑水河源头	运城市	绛县	23 144	森林生态系统	森林生态	省级	2002/6/20	林业
晋29	历山	运城市	垣曲县、沁水县、翼城县、阳城县	24 800	森林植被及金钱豹、金雕等野生动物	森林生态	国家级	1983/12/26	林业

序号	保护区名称	所在市	行政区域	面积/hm²	主要保护对象	类型	级别	建立时间	主管部门
晋30	太宽河	运城市	夏县	23 947	金钱豹、金雕和森林生态系统	森林生态	省级	2002/6/20	林业
晋31	云中山	忻州市	忻府区	39 800	褐马鸡及森林生态系统	森林生态	省级	2002/6/20	林业
晋32	五台山	忻州市	五台县	3 333	亚高山草甸生态系统	草原草甸	省级	1986/12/1	农业
晋33	繁峙臭冷杉	忻州市	繁峙县	25 049	臭冷杉（*Abies nephrolepis*）及森林生态系统	森林生态	省级	2002/6/20	林业
晋34	芦芽山	忻州市	宁武县、岢岚县、五寨县	21 453	褐马鸡及华北落叶松、云杉次生林	野生动物	国家级	1980/12/18	林业
晋35	贺家山	忻州市	保德县	18 642	褐马鸡及森林生态系统	森林生态	省级	2005/12/6	林业
晋36	翼城翅果油树	临汾市	翼城县	10 116	翅果油树（*Elaeagnus mollis*）及其生境	野生植物	省级	2005/12/6	林业
晋37	红泥寺	临汾市	安泽县	20 700	落叶阔叶林和针阔混交林	森林生态	省级	2005/12/6	林业
晋38	管头山	临汾市	吉县	10 140	天然白皮松林（*Pinus bungeana*）及森林生态系统	森林生态	省级	2005/12/6	林业
晋39	人祖山	临汾市	吉县	15 940	褐马鸡、原麝（*Moschus moschiferus*）及森林生态系统	森林生态	省级	2002/6/20	林业
晋40	五鹿山	临汾市	蒲县隰县	20 617	褐马鸡及其生境	野生动物	国家级	1993/1/20	林业
晋41	霍山	临汾市	霍州市古县、洪洞县	17 852	金钱豹、金雕及森林生态系统	森林生态	省级	2002/6/20	林业
晋42	薛公岭	吕梁市	离石市	19 977	褐马鸡及森林生态系统	森林生态	省级	2002/6/20	林业
晋43	庞泉沟	吕梁市	交城县、方山县	10 466	褐马鸡及华北落叶松、云杉等森林生态系统	野生动物	国家级	1980/12/1	林业
晋44	黑茶山	吕梁市	兴县	25 741	褐马鸡及森林生态系统	森林生态	国家级	2002/6/20	林业
晋45	蔚汾河	吕梁市	兴县	16 890	褐马鸡、原麝及森林生态系统	森林生态	省级	2002/6/20	林业
晋46	团圆山	吕梁市	石楼县	16 477	褐马鸡、金钱豹及森林生态系统	森林生态	省级	2002/6/20	林业

注：*截至 2017 年。